1　2005年に大山沢《おおやまざわ》でつくられた鉄砲堰の模型——これはスギの間伐材を利用してつくられたもの。江戸時代、森林から伐採された丸太は鉄砲堰を利用して下流に運搬された。

2　2019年の集中豪雨で発生した山腹の大崩壊（屋久島）——猫の顔に似ているのでネコスラブと呼ばれる。梅雨時や夏秋の台風などによる集中豪雨は流域全体に大規模な災害をもたらしてきた。

3　福島県只見町恵みの森の渓畔林——サワグルミやトチノキに混ざってブナが渓流際まで分布する。渓畔林は亜高山帯林から山地帯のブナ林の中に形成される水辺林のことを指す。

4　埼玉県秩父の大山沢渓畔林——シオジ、サワグルミ、カツラを林冠木とし、カエデ類を亜高木、下層木とする。渓流は河川幅が狭く岸壁に面しているため空間は林冠によって覆われている。

5　長野県梓川上流の山地河畔林——北海道で多くみられるケショウヤナギが隔離分布する。網状流路が形成され、増水のたびに頻繁に流路が変動して山地河畔林の破壊と再生が繰り返される。

6　埼玉県荒川の河畔林——エノキ、ムクノキに加えてハンノキも分布する。河川幅が広いこのような河川では、河畔林は川岸だけではなく、中州の中にも形成される。

7　**沖縄県名護市大浦のマングローブ林**——亜熱帯や熱帯地方の河口周辺の汽水域にはマングローブ林が発達する。手前がメヒルギ、奥がオヒルギ。写真は干潮期で樹木の根系が見えている。

8　**ハンノキやヤチダモが分布する北海道釧路湿原**——地下水位が高い釧路湿原には、ハンノキやヤチダモなど高い水ストレスに適応した樹種が分布している。

9　**積雪地帯では雪崩《なだれ》が大きな攪乱要因**——奥会津地域の山では雪崩によって山肌が削られる雪食地形がみられる。雪崩の生じない山の尾根の黒い部分には常緑針葉樹のキタゴヨウが分布する。

10　**下流域の攪乱は水位上昇**——下流域では大規模な土砂の移動や地形変動は少なく、洪水による水位上昇や氾濫が大きな攪乱である。このような場所には耐水性の高いヤナギ類が分布する。

11　**屋久島安房川でのカヤック**——河川や湖はレクリエーションの場を提供し、フィッシング・トレッキング・沢登り・カヌー・ボート・キャンプなどに利用されている。

12　**1つの花の中におしべとめしべを持つサクラの仲間**——樹木には多様な性表現がある。私たちが普段花として見ているのはこのような両性花を持つ植物が多い。

13　**ハウチワカエデの花**——雄花と両性花の成熟時期がずれていて自分の個体の花粉では受精できない雌雄異熟というシステムを持っている。おしべが長い下の２つが雄花。

14　**ヤナギの花を訪れる昆虫**——ヤナギ類は、ハエやミツバチなどによる虫媒、風による風媒という、２つの花粉送粉形式をもっていると考えられる。

15　**オノエヤナギの柳絮《りゅうじょ》**——先駆樹種であるヤナギ類は毎年春になると雌雄ともにほとんどの個体が開花し、種子を柳絮として散布する。種子は風に乗って遠くまで散布される。

16　**ケヤキの枝**——ハルニレ、カツラ、カエデ類などは果実に翼がついて散布されるが、ケヤキは小さな葉がついた枝ごと風で散布され、風によって地面を転がり移動する。

17　**翼のついたハルニレの種子**——ハルニレやフサザクラ、カツラの種子は比較的小さいので、翼によって散布される効果が大きい。

18　**只見町伊南川のヤナギ類の実生**——融雪洪水が引きはじめる時期に現れる河川際の湿った礫混じりの土壌は、ヤナギ類にとって発芽・定着する重要な土壌環境である。

19　**只見町のブナのあがりこ**——積雪地帯で、伐採跡から伸びた枝を繰り返し伐採するためにできる樹形「あがりこ」。枝は雪が締め固まった春先に雪上で伐採され、雪上を滑らせて搬出された。

20　**秩父大山沢のシオジ林**——シオジの分布は栃木県を北限、宮崎県を南限とし太平洋側に偏る。冷温帯の渓畔林を構成する落葉広葉樹で、樹高 30m、胸高直径 1.5m の林冠木になる。

21　**秩父大血川のシオジの果実**——画像中央にぶら下がっている葉のようなものが果実。開花直後から多くの果実が生理落果を起こし、残った果実は成熟し落下する 11 月頃に茶色に変色する。

22　**秩父大山沢のシオジの果実の豊作年**——シオジの花は開葉に先立って咲き、種子落下は落葉後であるので、双眼鏡による目視で容易く豊凶を観察できる。

23　**シオジの当年生実生**——砂礫地・倒木上・リター層・岩上などほとんどの立地で発芽できる。当年生実生は、普通は子葉だけであるが、明るい大きなギャップの下では本葉を展開させる。

24　**シオジの稚樹**——稚樹は暗い環境でも枯れることなく稚樹バンクを形成する。林冠木の枯死などでギャップが形成され光環境が改善されると成長が加速し林冠木になる。

25 **大山沢渓畔林のサワグルミ林**——サワグルミは樹高 30m、胸高直径 1m 近くまで成長し、名前のとおり沢沿いに一斉林を形成する。北海道から鹿児島県まで、多様な気象環境に分布する。

26 **サワグルミの花序**——春先の葉の展開と同時に、枝先に数個の雄花序と 1 個の雌花序をぶら下げる。左の赤いのが雌花の花序、右に垂れ下がっているのが雄花の花序（撮影／中野陽介氏）。

27 **サワグルミの果序**——クルミと言ってもオニグルミのように食べられるような大きさではなく、1 本の果軸に 5mm 程度の小さな果実が 30 個ほどついている。

28 **サワグルミの当年生実生**——発芽は暗い閉鎖林冠下でもみられ、砂礫堆積地でもリター層でも発芽するが、リター層で発芽した当年生実生は発芽後 1 ～ 2 か月のうちに枯死する。

29 **サワグルミの実生**——砂礫地など下層草本が分布していない明るい場所で生残した個体はその年に本葉を展開するが、その後の成長は光環境に大きく影響を受ける。

30 **積雪で曲がったサワグルミの萌芽枝（新潟大学佐渡演習林）**——積雪地帯では幹が雪圧によって曲がり、そこから萌芽が発生する。萌芽は大きく成長し、連続した複数の幹を形成する。

31　ジョージアに分布するコーカサスサワグルミ——樹形や葉の形態などは日本のサワグルミそっくりであるが、水平根から萌芽を発生させて栄養繁殖を行っている（撮影／中野陽介氏）。

32　マロニエ（セイヨウトチノキ）——33 のアカバナアメリカトチノキと同じく日本のトチノキの仲間で、街路樹として植えられているが、果実には棘がある。

33　アカバナアメリカトチノキ——32 のマロニエと同じく日本のトチノキの仲間。林冠を形成する高木にはならない。

34　トチノキの花序——長さ 20cm を超える大型の円錐花序を形成する。この花序の中に雄花と両性花が混ざるが、上部に雄花が、下部に両性花が分布しており、雄花が 80%以上を占める。

35　8 月頃のトチノキの葉と果実——果実は 9 月頃に成熟し、1 つの果序には数個の果実がみられる。種子は大型で直径 4cm にもなり、30g を超えるものもある。

36　長野県善光寺の門前町のカツラの街路樹——カツラは日本に自然分布する固有種で、銀座通りの街路樹にも使われ、人気のある樹種である。カツラの材は善光寺の本堂の柱にも用いられている。

37　**カツラの葉の黄葉**——黄葉して落葉するようになると焼きたてのパンケーキのような甘い香りが漂う。カツラの葉は昔からお香の材料として利用されてきた。

38　**カツラの果実**——1つの果実の中に30個ほどの小さな種子が入っている。裂開して種子が散布された後もバナナのような心皮は春まで枝についている。

39　**カツラの当年生実生**——カツラの一生を探るため、散布された種子がどのような場所で発芽し、消失、生存していくかを1年間追跡した。カツラは発芽後、すぐに本葉を出す。

40　**オヒョウの葉**——北海道から九州まで冷温帯の沢沿いに分布し、樹高25m、直径1mに達する。ニレ属の中でも葉に特徴があり、葉の先に切れ込みが入る。時には切れ込みのない葉もみられる。

41　**展葉の前に花弁のない紅色の花を咲かせるフサザクラ**——サクラの仲間だと思われがちだが、サクラ科ではなくフサザクラ科である。花の色が似ているので「サクラ」とされたのだろう。

42　**フサザクラの葉と果実**——フサザクラはヤナギ類などの先駆樹種と同じように、比較的若齢の個体から花を咲かせて種子を生産する。

43　主幹の周りに発生したフサザクラの萌芽——発芽当初は１本の幹であるが、多くの休眠芽があり、地際や幹の下部から多数の萌芽幹を発生させて、個体維持を図っている。

44　ケヤキの開花——春先に、葉の展開と同時に枝に小さな雄花と雌花をつける。雌花は枝上部の葉の腋に咲き、果実は秋に成熟して種子を散布する。

45　ケヤキの芽生え——実生は４～５月に発生し、すぐに本葉が展開する。暗い林床の落葉層の厚い立地では、林床下の光不足によって５月初旬に大部分が消失する。

46　熊本県菊池渓谷のケヤキ林——渓谷の美として知られている熊本県の菊池渓谷には、渓流に沿ってケヤキの大径木がイロハモミジなどの落葉樹やウラジロガシなどの常緑樹とともに分布している。

47　シチリア島のケヤキ——シチリア島の *Zelkova sicula* は、大部分が１つの個体から根萌芽によって広がったクローン株と考えられている。絶滅危惧種として保護・植栽されている。

48　花粉症の原因となるスギの雄花——スギの雄花は前年の枝に形成され、花粉は２月から３月にかけて飛散する。雌花に到達・受精すると秋には種子が形成され、風で遠距離散布される。

49　**倒木の上で発芽したスギ**——散布された種子の発芽場所はある程度限られており、落葉や落枝が厚く堆積した場所ではほとんど発芽しない。発芽するとまず3枚の子葉を展開させる。

50　**無機質の土壌で芽生えたスギの実生**——種子から芽生えた実生がみられるのは、山腹崩壊や大木の根返りなどの攪乱によって土壌が剝き出しになっている立地である。

51　**スギの倒木更新**——地表の土壌攪乱が生じた場所だけではなく、樹木の地際や倒木、切り株、放置された伐採木の上、コケの上でも発芽・生育できる。

52　**マンモスの牙のように押し下げられたスギの下枝**——数メートルの積雪環境にある地域では、種子から発芽した実生も、成長した樹木も、雪圧によって大きな影響を受ける。

53　**日本の最南端に生育する屋久島のスギの巨木**——屋久島では樹齢1000年以上のスギを屋久杉、それ以下を小杉、植林したスギを地杉と呼んでいる。

54　**梅雨時に開花するヤクシマサルスベリ**——葉は対生で、梅雨時に長さ10cmほどの円錐花序をつけ多数の白い花を咲かせる。

55　**只見町伊南川のユビソヤナギの開花（雄花）**——群馬県水上町の湯檜曽《ゆびそ》川沿いで1972年に発見された日本固有種で、雌雄異株、2本の花糸が合着して1本に見えるのが特徴である。
56　**ユビソヤナギの樹皮下の形成層**——ユビソヤナギの樹皮の内面は黄色いため、他のヤナギと区別することができる。

57　**埼玉県荒川河川敷のエノキ林**——荒川の中流域では、ケヤキとムクノキは流路から離れた森林化が進んだ林分に分布しているのに対して、エノキは流路に近いところに分布していた。
58　**ハンノキの球果（左）と翌春に咲く雄花の花序（右）**——ハンノキは日本の冷温帯の湿地林を構成する落葉広葉樹で、北海道から沖縄まで日本全国に分布している。

59　**釧路湿原のハンノキ林**——河川開発とその周辺の高度な土地利用によって自然林の分布は少なくなったが、釧路湿原には典型的なハンノキの湿地林が広く分布している。
60　**只見町沼ノ平のヤチダモ林**——ヤチダモは明治時代後期から戦前までは植林されていたが、その後はほとんど植林されていない。自然環境では湿原とブナ林の境界付近などに分布する。

61　**ミシシッピ川河口のヌマスギやヌマミズキの湿地林**――ニューオーリンズ周辺には、ヌマスギやヌマミズキを林冠木の優占種とする広大な湿地林が広がる。幹の黒い部分まで水位が上がる。
62　**屋久島安房川上流の小杉谷の河川敷に咲くサツキ**――分布の南限である屋久島には多くのサツキが自生している。洪水が起こると、河川敷のサツキは完全に水に浸かる。

63　**屋久島の破沙岳山頂に分布するサツキ**――標高が 1410m の割石岳より低く直射光がよく当たる山頂にはサツキが分布する。この写真を撮影したのは 11 月下旬だったので、赤く紅葉している。
64　**屋久島の宮之浦川下流域のサツキ群落**――安房川の渓流際で一直線に並んだサツキを見てサツキラインと名づけてから 8 年後、宮之浦川の河岸で燃えるような色で咲くサツキの花に出合った。

65　**2010 年 12 月に佐渡島大佐渡の大河内沢で発生した小規模土石流**――大佐渡山地は緑色凝灰岩を基質とするグリーンタフ地帯で、過去にも多くの土石流や地すべりが発生したと考えられている。
66　**2011 年 7 月の豪雨による洪水で破壊された只見町伊南川の河畔林**――洪水により中州のうち本流路側のヤナギ類の立木はことごとくなぎ倒され、枝や樹皮はむしり取られた状態になっていた。

67　**ヤナギ林が捕捉した大量の流木とゴミ**——2011 年 7 月の洪水の後、残存したヤナギ類の立木には、上流から流れてきた流木やゴミがうずたかく堆積していた。

68　**洪水による被害（伊南川）**——2019 年 10 月の洪水による増水がヤナギ林の中を流れる（撮影／中野陽介氏）。林床の有機物を流し去るような洪水はたびたび発生している。

69　**発芽してきたヤナギの実生を数える**——洪水による大規模攪乱後のヤナギ科樹木の更新機構を明らかにするために、1ha の調査地において洪水後の種子散布、発芽、実生の定着過程を追跡した。

70　**ヤナギ類の種子を捕獲する粘着トラップ**——一般的なナイロンネット製のシードトラップの代わりに、ベニヤ板をビニール袋で包み表面に粘着剤をスプレーで吹きかけた粘着トラップを用いた。

71　**只見町伊南川の中州で一列に並んだヤナギの稚樹**——ヤナギ類の実生の成長には、まったく新しく砂礫が堆積したような地盤の高い中州や河畔が必要と考えられる。

72　**倒木から発生したヤナギ類の萌芽**——ヤナギ類には萌芽による個体維持と幹から離れた枝などによる栄養繁殖のパターンがみられる。倒木から萌芽しても 2 年程度ですべて枯れてしまう。

73　**土壌に埋まったヤナギの枝から発生した萌芽枝**——倒れた幹または枝が土中に埋没し、土壌中から発生している萌芽の多くは、その後も枯れることはなく、早い成長を示した。

74　**アメリカハナノキの雌株**——花が咲いた後ですでに翼果が成長しはじめている。ミシシッピ川河口付近のヌマスギ・ヌマミズキ林ではアメリカトネリコなどとともに低木層を構成していた。

75　**ハリケーンによって破壊されたミシシッピ川河口の湿地林**——ハリケーン被害が最も大きかった調査区では、ほとんど樹冠がなく全天が見渡せるほどで、直射光が水面まで差し込んでいた。

76　**ハリケーンの後に一斉に侵入してきた外来樹種ナンキンハゼ**——ハリケーンによって林冠木が破壊され明るくなった区域では、ヌマスギやヌマミズキなどの在来樹種の更新はみられなかった。

77　**ハリエンジュの開花**——ハリエンジュは5月頃に白い花を樹冠いっぱいに咲かせる。この時期には遠くからでもハリエンジュの存在がわかる。

78　**只見町伊南川上流域の山腹緑化で植栽されたハリエンジュ**——白い花の咲いている木がハリエンジュ。約150年前に導入されてから、日本中で植栽された。

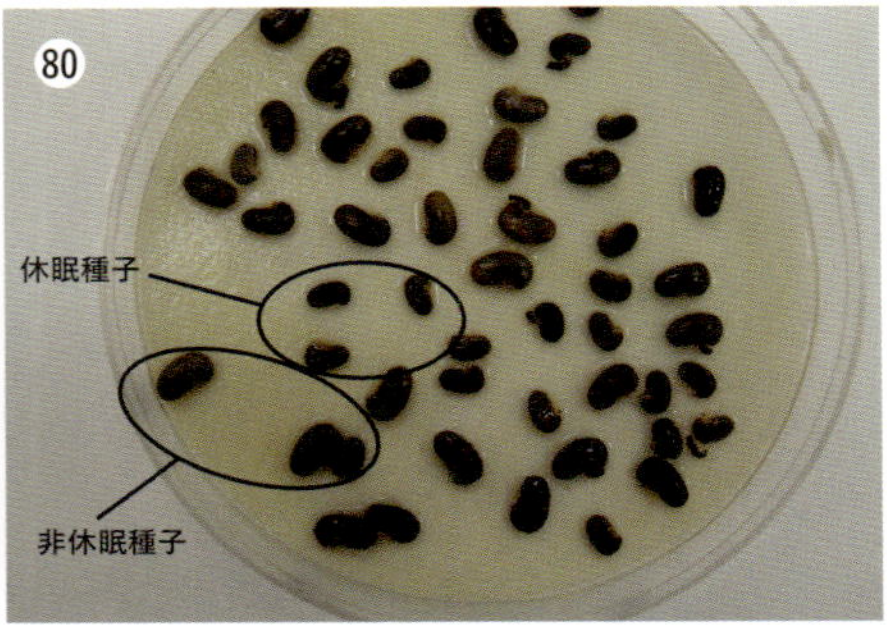

79　**根系が浅く根返りを起こしやすいハリエンジュ**——倒れた幹の枝が成長して薮のような群落構造になることもある。ハリエンジュは景観や生物多様性にも影響を与えている。

80　**ハリエンジュの種子**——ハリエンジュの種子は硬実種子と言われるが、発芽実験を行うと、すぐに吸水して膨らむ非休眠種子と吸水せず膨らまない休眠種子がある。

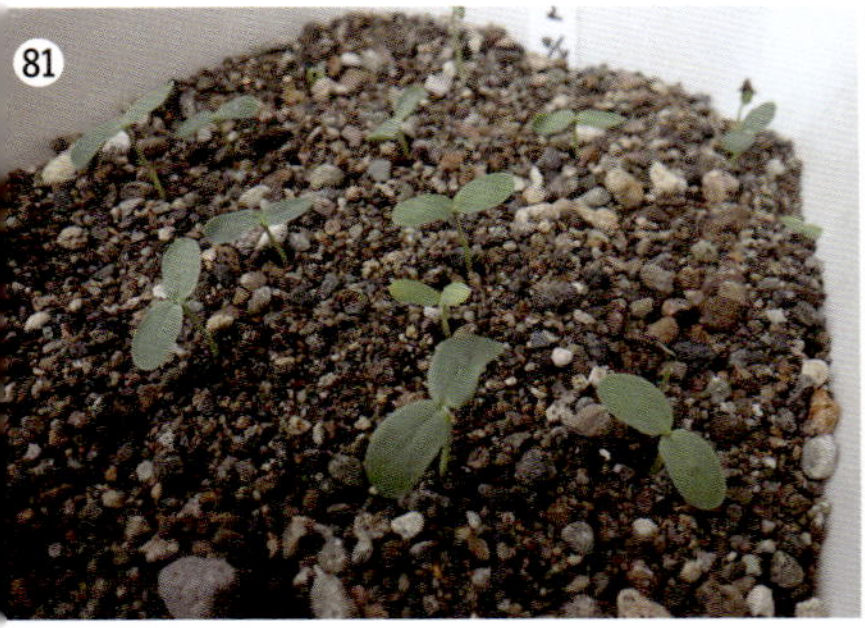

81　**ポットの中で発芽したハリエンジュ**——ハリエンジュの実生の成長は発芽した年はせいぜい10cm程度であるが、翌年には1mを超え、3～4年後には開花結実するようになる。

82　**ハリエンジュの実生の根系**——ハリエンジュは他のマメ科の植物と同じように根に根粒を形成し、窒素固定を行う根粒菌と共生することで空気中の窒素を利用している。

83　**水平根を伸ばし根萌芽で繁殖するハリエンジュ**——群落の外側の小さな幹は新しく発生した萌芽。この群落は1個体から拡大した巨大なクローン。

84　**ハリエンジュの巻枯らし（環状剥皮）**——巻枯らしによって幹からの萌芽の発生を誘発させることで、より手強い根系からの根萌芽の発生を抑止する。

85 **埼玉県秩父の大山沢渓畔林**——人為の影響はほとんどなく、原生的な景観を保っている。このような原生もしくは原生的な流域環境は、現在の日本列島には限られた地域にしか残っていない。
86 **岐阜県馬瀬川流域のスギ人工林**——渓流際まで植栽されている針葉樹（スギ）を水際に沿って部分的に択伐もしくは列状間伐し、本来の水辺林構成樹種を植栽して水辺林の再生を目指す。

87 **秩父の治山堰堤の袖敷**——ニホンジカの好まないオオバアサガラだけが成長している。ここでカツラの苗木を植栽したところ、ツリーシェルターを設置した苗木の数本だけが定着した。
88 **渓流と林道の間の明るい斜面に植栽された広葉樹**——先駆性の高いサワグルミがトチノキやシオジより圧倒的に速い成長を示した。中央の茶色の葉がトチノキ、右の緑色の葉がシオジ。

89 **河川敷にも広がりつつある外来樹種シンジュ**——シンジュ（ニワウルシ）は、ハリエンジュやナンキンハゼと同じように根萌芽によって個体を拡大させる外来種で、河畔林にも侵入している。
90 **秩父の大山沢渓畔林**——1980 年代には豊かな高茎草本に覆われていたが、現在ではニホンジカの採食による森林へのさまざまな影響がみられるようになってきた。

91　秩父山地の林床――2000年以降にニホンジカの個体数の増加が報告されはじめた。秩父大山沢の春先の林床では、ニホンジカが食べない有毒植物のバイケイソウとハシリドコロが目立つ。

92　樹皮を剝皮されたウラジロモミ（2013年5月）――草本がシカによる壊滅的な被害を受ける中で、オヒョウやウラジロモミなどの樹木の被害も目立ちはじめた。周辺のスズタケも枯れはじめている。

93　斜面に高密度で分布していたスズタケ――2009年5月には大山沢渓畔林の斜面にはスズタケが密に分布していた。

94　枯れたスズタケ――スズタケもシカの採食の影響で2010年頃から衰退しはじめた。2013～2014年には一斉開花の後、斜面のスズタケはすべて枯れてしまった。

95　生物多様性の高い細見谷渓畔林――西日本を代表する太田川源流域の細見谷渓畔林は細見谷川上流域に沿って約6km、幅200mにも及ぶ広い氾濫原を有しているエリアである。

96　舗装化が計画されていた細見谷の十方山林道――十方山林道の拡幅舗装化計画に対し、地元の環境団体は渓畔林の植物層やサンショウウオの実態を明らかにして渓畔林保護に尽力した。

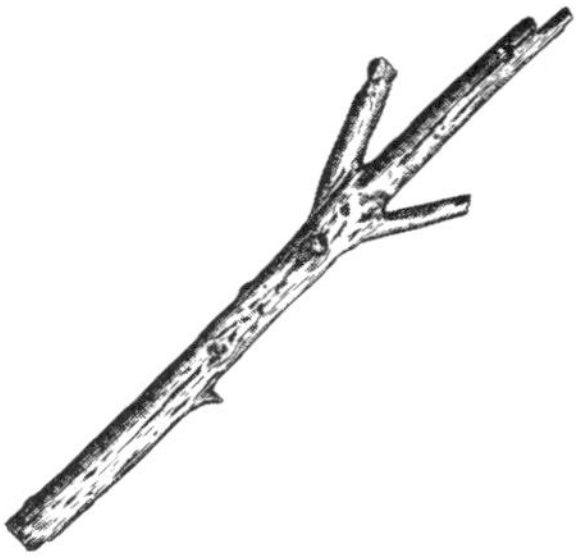

ここがすごい！

水辺の樹木

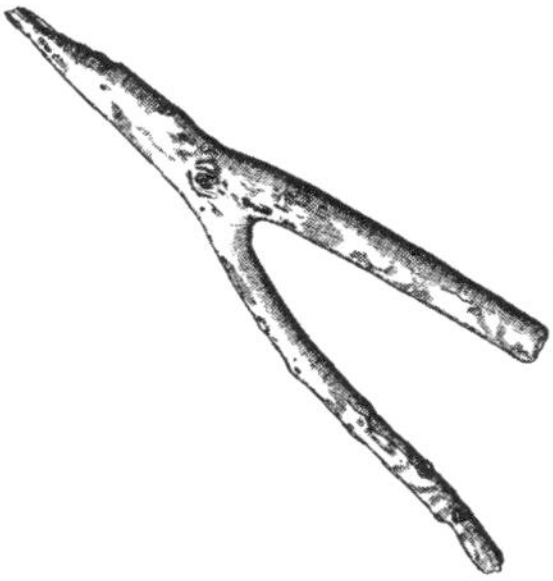

生態・防災・保全と再生

崎尾均

築地書館

はじめに

自然景観の中でも水辺は独特な雰囲気を醸《かも》し出す。河川、渓流はもとより、滝、湖、池、海岸など、観光地のポスターや絵葉書にも水辺の風景がよく使われている。それほど、水辺は人々の心を和ませるものなのだろう。

一般に樹木や森林と言われて想像するのは、世界遺産である白神山地のブナ林、屋久島の屋久杉や白砂青松のクロマツ、高山をトレッキングする人々にとってはハイマツやシャクナゲ、春の花見のサクラ（ソメイヨシノ）、秋に紅葉するモミジであろう。街路樹や公園に植栽されている樹木や盆栽を思い浮かべる人もいるかもしれない。しかし、水辺周辺にも多くの樹木が生活している。そこには我々がとうてい想像できないような不思議な生き方をする樹木が分布し、独特の生存戦略をとっている。水辺の樹木は、開花、送粉（花粉）、結実、種子散布、発芽、実生、稚樹、成木という生活史を回しながら、水辺環境に適応して生きている。生活史の実態は、樹木によってさまざまで、驚くような繁殖戦略を持っている樹木もみられる。また、水辺の樹木は、河川や渓流の生態系において重要な役割を果たしているだけでなく、我々人間にも多くの生態系サービスを提供してくれている。本書では、これらの樹木の姿を写真を用いつつできるだけわかりやすく紹介したい。

私はこれまで、水辺に生きる多様な樹木の生活史を明らかにしようと研究を行ってきた。その最初の樹木になったのが、今でもライフワークにしている「シオジ」である。そして、シオジと共存しているカツラやサワグルミの他に、スギ、ヤマハンノキ、ヤナギ類、サツキ、海外ではヌマスギ、外来樹種ハリエンジュなどを扱ってきた。それとともに、これらの基礎研究の成果をもとに、水辺林の管理に関して保全、再生、復元などの研究や行政へのアドバイスなどを行ってきた。その研究成果は、学術論文として発表してきたが、多くの研究者と著書の執筆も行ってきた。樹木の生活史に関しては、『水辺林の生態学』[*1]（崎尾・山本編、二〇〇二）、『水辺の樹木誌』[*2]（崎尾、二〇一七）や『ニセアカシアの生態学』[*3]（崎尾編、二〇〇九）、水辺林の管理方法に関しては、渓畔林研究会のメンバーとの議論を重ねて『水辺林の保全と再生に向けて』[*4]（渓畔林研究会編、一九九七）や『水辺林管理の手引き』[*5]（渓畔林研究会編、二〇〇一）などを出版してきた。また、英語の本も書いた。[*6・7] しかし、これらの書籍は、専門性が高く図表を多用した研究者や学生向けの本だったので、一般の方に読んでいただくにはかなりハードルが高かった。今回、これまで出版した書籍の内容をわかりやすく多くの方に理解していただけるように多くのカラー写真を口絵として掲載するとともに、内容も適宜書き改めた。

それから、私がこれまで研究対象としてきた樹木とどのようにして出合い、何を学んだか、人とのつながりも含めてコラムとして取り上げた。私の研究人生を導いてくれたシオジ、カツラ、ハリエンジュ、ユビソヤナギ、スギ、ヌマスギ、サツキについて紹介したのでぜひ読んでいただきたい。

また本書では、水辺の樹木の生き様を紹介するとともに、水辺林の重要性、水辺林が開発によって失われつつある現状やそれを保全する取り組みをどのように行っていけばよいのかなど、これまで研究仲間と議論してきた内容も紹介する。

目次

第3章 水辺の樹木の多様な生き方

第4章 代表的な水辺林とそこに生きる樹木

第5章 なぜ樹木は水辺で共存できるのか？

第6章 大規模攪乱後の水辺林の更新状況を調べてみたら

第7章 水辺林への侵入者ハリエンジュ

第8章　どのように水辺林を再生し復元するか

第9章 水辺林をまもる

第1章　失われる水辺林

1　水辺がもたらす恵みと災い

　人間の歴史が始まって以来、人々は渓流や河川などの水を利用する一方で、そこで生じる洪水などの河川攪乱《かくらん》と闘ってきた。稲作が行われるようになると河川から水路を設置し、水田に水を引き込んだ。当時の水路建設では木材を利用したことが、静岡県の登呂遺跡などの調査で明らかになっている。森林から大規模に樹木を伐採して運搬する江戸時代になると、渓流や河川は木材運搬のために利用されるようになってきた。伐採された樹木は人力や家畜を使って運搬したり、雪国では春先に伐採して雪上を滑らせて運搬された。これらの丸太は、鉄砲堰《せき》（口絵1・図1）を利用して下流に運搬された。鉄砲堰とは、渓流に木材を利用して堰をつくり、その下流側に木材を積み上げて、水が満杯になったところで堰から水を放水して木材を下流に流すというものである。これを繰り返して水量の多い河川まで流して、その後は筏《いかだ》を組んで木材を流していた。

　また、産業が発達した下流の町では水路が掘られ、小型の船による日常的な人や物資の輸送が行われていた。これらの水路の脇にはシダレヤナギが植えられていたことが、江戸時代の浮世絵にも描かれている。新潟の信濃川河口には現在でも堤防沿いにシダレヤナギが植えられており（図2）、柳都《りゅうと》と呼ばれていた時代の名残りをとどめている。江戸時代の越後平野の地図には明瞭な河川が描かれておらず、広大な平野の中を河川が自由に流路を変えて流れていたと考えられる。江戸末期の信濃川河口周辺の絵図にもヨシの湿地やヤナギらしき樹木が見える（図3）。司馬遼太郎の長編歴史小説『峠』にも、長岡周辺がヨシに覆われた湿地であったことが書かれている。水路が巡らされた新潟の街では、人や荷物の移動は水運によって行われていた。

　このように、日常的には人々は水流による大きな恩恵を受けていた。関東平野、濃尾《のうび》平野、大阪平野、越後平野など大河川の下流に発達した大都市では、水運によって経済が発達した。また、河川は豊かな恵みをもたらしてくれた。多くの河川では、水産業が発達して、山村でも豊

図1　1938年頃に大山沢《おおやまざわ》に設置された鉄砲堰――当時はこの鉄砲堰に溜めた水で材木を下流に流した。

▶図２　柳都と呼ばれた新潟——信濃川河口には今もシダレヤナギが植栽されている。

▼図３　江戸末期の信濃川の河口周辺——当時はヨシなどの湿地が広がっていた。向こうに弥彦山と角田山が見える（行田魁庵ほか、新潟年中行事絵巻より「第８図　山ノ下から見た新潟」。所蔵先：新潟県立近代美術館・万代島美術館）。

かな経済がもたらされた。淡水魚であるコイ、フナ、ウグイなどの他に、回遊魚であるサケやアユ、ウナギなどの資源は、地域の産業を支えてきた。北海道や東日本には、大量のサケの遡上によって発展した町がある。

一方で、豊かな恵みをもたらしてくれる河川は、時には人間に牙を剝いてくる。梅雨時や夏秋の台風などによる集中豪雨は、流域全体に大規模な災害をもたらしていた。上流域の森林地帯では山地崩壊が生じ（口絵2）、下流の平野では大規模な河川氾濫が起きた。河川氾濫に対して人々は、土、石、木などを用いて堤防を築いた。まさに土木工事である。戦国時代以降、各大名は河川を治めるためにさまざまな工夫を行ったが、特に有名なのは武田信玄が建設した信玄堤《しんげんづつみ》である。日本海側では、冬季の北西の季節風によって海岸から砂嵐が起こり、それを防ぐための広大なクロマツやカシワの防砂林が形成された。そこには砂との壮絶な闘いがあった。今でこそ砂浜は減少しているが、防砂林の管理は続いている。人間の歴史は、これらの自然災害との闘いの歴史であると言ってもよい。

このような多くの災害にもかかわらず、人々がそこに住みつづけているのは、自然の恩恵が優っているからと考えられる。上流から流れて堆積した土壌は多くの栄養分を含んでいるので、農業にとっては重要な資源であった。上流から流れてきた砂は、広い海岸の砂浜を形成した。江戸時代の白砂青松はこのような場所にクロマツが植えられたものである。

2　減少する水辺環境

日本列島における土地利用は二〇世紀になって急速に進んだ。農地開発や都市開発が進む中、水辺の利用も急速に進み、秋田県の八郎潟の干拓をはじめ、九州の八代湾《やつしろ》の干拓など全国の多くの場所で干拓事業が行われた。下流域から中流域においては、堤外（堤防に囲まれた、河川が流れる範囲）まで農耕地や運動公園・ゴルフ場が広がっている。第二次世界大戦後、河川の上流では渓流域までスギの植林が進んだ。現在、源流域から河口域まで原生的な自然環境の中を流れ下る大規模河川は、日本にはほとんど存在しない。わずかに源流域において、生態的に自然の姿をとどめている渓流や河川を見ることができるのみである。そのような原生的な自然環境が残された流域は、それ自体が重要であり、学術的にも極めて貴重で価値ある存在である。

環境庁（当時）は、自然環境保全基礎調査において、まったく人為の影響がない、もしくは人工構造物がまったく存在しない一〇〇〇ヘクタール以上の集水域を「原生流域」と定義し、その現況を調査してきた。第三回基礎調査（一九八五年実施）によれば、原生流域は、日本全国で一〇〇か所、二一万一八七九ヘクタールにすぎず、しかも東北・北海道地域に集中しており、地域的な偏りがみられる。また、第二回基礎調査以降の五年間に消失した原生流域は、一一か所、一万七三八六ヘクタールにものぼる。原生流域のうち、自然公園や自然環境保全地域などの保全地域に指定されているのは、七九流域にとどまっている。

「原生流域」そのものを保全対象とする法制度が存在しない中、唯一、林野庁が定める国有林の保護林制度の一つ「森林生態系保護地域」が、原生流域を含めた原生的な集水域全体を保全の対象としている（二〇二四年四月一日現在、三一か所・七三万六〇〇〇ヘクタール）。ただし、大規模な林地崩壊や地すべりなどの災害復旧措置については、保存地区（コアゾーン）内であっても実行可能とされている。

3　戦後の水質汚染

「水に流す」という言葉は、過去にあったことをすべてなかったことにするという意味である。日本人は、衣類など汚れたものは川で洗濯し、災いや祭り、祈りの時には、それに関係する品々を思いを込めて川に流してきた。トイレも昔は「厠《かわや》」と言い、水の流れる溝の上に設けられ、糞尿は河川に流された。しかし、人口が少ない時代であったので河川の中ですべて分解され水は浄化されていた。

しかし、第二次世界大戦後、人口が増加し、化学肥料・農薬に頼る農業に変化したために河川周辺が農地や工業地帯に変わると、生活排水や農地から流出した大量の窒素が流れ込み、工場排水も大量に排出された。河川下流域では水汚染が進み、私が子どもの頃住んでいた尼崎の河川の水はどす黒く、メタンガスの泡が発生して悪臭を漂わせていた。そのため、私は子どもの頃は川が嫌いであった。また、熊本県水俣ではチッソ水俣工場から、新潟県阿賀野川では昭和電工鹿瀬工場からメチル水銀化合物（有機水銀）が海や河川に排出され、水俣病と言われる水銀中毒が集団発生した。その影響は現在も残っている。現在では、浄化槽の整備や工場からの排出基準の制定によって、以前と比べれば河川の水質は改善されてきた。

4　河川と陸域との分断

かつては、陸域と水域は相互作用によって、一体的に、生態的に結びついていた。源流部の急峻な渓流を除いては、河川は、流路や中州、氾濫原《はんらんげん》、そして谷壁《こくへき》、自然堤防、段丘へと連続的に続いていた。しかし今日、河川周辺は農耕地や宅地開発によって高度な土地利用が進み水辺林は失われ、河川の後背湿地《こうはいしっち》も失われ、河川工事が進み、陸域と水域の分断が著しい。上流域から下流域まで連続したコンクリート護岸が建設されて、河川、水辺そして陸域の相互作用はみられない。かつて、下流域の河川は蛇行を繰り返して流れていたが、現在では直線化された巨大な放水路と化している（図４）。江戸時代の地図を見ると、越後平野の下流域の平野は一見、海と間違えるほどで、決まった河川などは描かれていない。広大なヨシ原が広がっており、河川は洪水のたびに自由自在に流路を変えて流れていた。しかし現在、河川の中下流域では流路工などの河川改修が行われ、残された河畔林も大部分が二次林化と著しい断片化に陥り、また外来樹種の侵入が起こっている。河川改修事業によって建設

図４　巨大な放水路と化した信濃川河口――堤防際までビルが立ち並ぶ。本来、下流域の河川は蛇行を繰り返して流れていたが、現在では直線化された巨大な放水路と化している。

された流路工や堤防は、数キロメートル、数十キロメートルの範囲で陸上生態系と河川生態系の相互作用を遮断し、流域レベルで水辺の生態学的機能を損っている。ここでは、わずかに残されたいくつかの河畔林をつなぎ合わせて連続性を再生し、場合によっては、それを修復する必要すらあるが、それも容易ではない。

流路工は河川の放水路化であり、流路を堤防と堤防に囲まれた狭い範囲（堤外）に固定し、陸域（堤内）との間に大きな段差をつける。そのために、堤防建設時に河川周辺の水辺林（氾濫原の植生）は伐採され失われてしまう。その結果、水辺を生育地とする野生生物の地域個体群が絶滅し、水辺林の回廊的機能は失われる。施設の完成後、周辺での植樹や自然力により植生の回復が進むが、流路が狭められ、固定されることで河川周辺（氾濫原）の環境が単純化し、多様な植物種の生息環境が失われ、本来の植生の回復は困難であるどころか外来種の侵入場所になっている。それどころか、堤防（護岸）上および流路内における植生の回復は河川の機能を損なうとして妨げられ、成立してきた水辺林は伐採・除去されている。その結果、現在では河川の水辺に高木性の樹林帯はほとんど存在していない。堤防の上ないし背後地に河畔林が残された場合でも、河川による増水や氾濫などの攪乱がなくなり、水分環境も変化する中で、その組成や構造を維持することは難しい。さらに、未利用地の有効利用法として、堤外（氾濫原などの河川敷）における運動公園やゴルフ場の建設が進む中で、かろうじて残った水辺の自然植生・河畔林すらも破壊され、その再生の場を失っている。

第2章　水辺林とは何か？

1　河川流程における位置から定義する

河畔林、川辺林、湖畔林、水辺林など、水辺の森林を表す言葉はいくつかあるが、これらの森林を包括する言葉として「水辺林」が挙げられる。水辺林を河川の上流から下流域にいたる河川の流呈から定義してみる（図5）。最上流域の渓流沿いの水辺林は、渓谷林や渓畔林《けいはんりん》と呼ばれ、一般的には亜高山帯林から山地帯のブナ林の中に形成される水辺林のことを意味している（口絵3・口絵4）。渓流は河川幅が狭く、岸壁に面していることもあり、空間は林冠によって覆われている。優占樹種は、トチノキ、サワグルミ、カツラ、シオジなどの高木である。

山地渓流が平野に流れ出すところには、扇の形をした扇状地地形が形成される。北アルプス上高地の梓川が典型的で（口絵5）、ここには、ハルニレやヤナギ類で構成される山地河畔林《さんちかはんりん》が形成される。ここでは、網状流路が形成されて、増水のたびに頻繁に流路が変動して山地河畔林の破壊と再生が繰

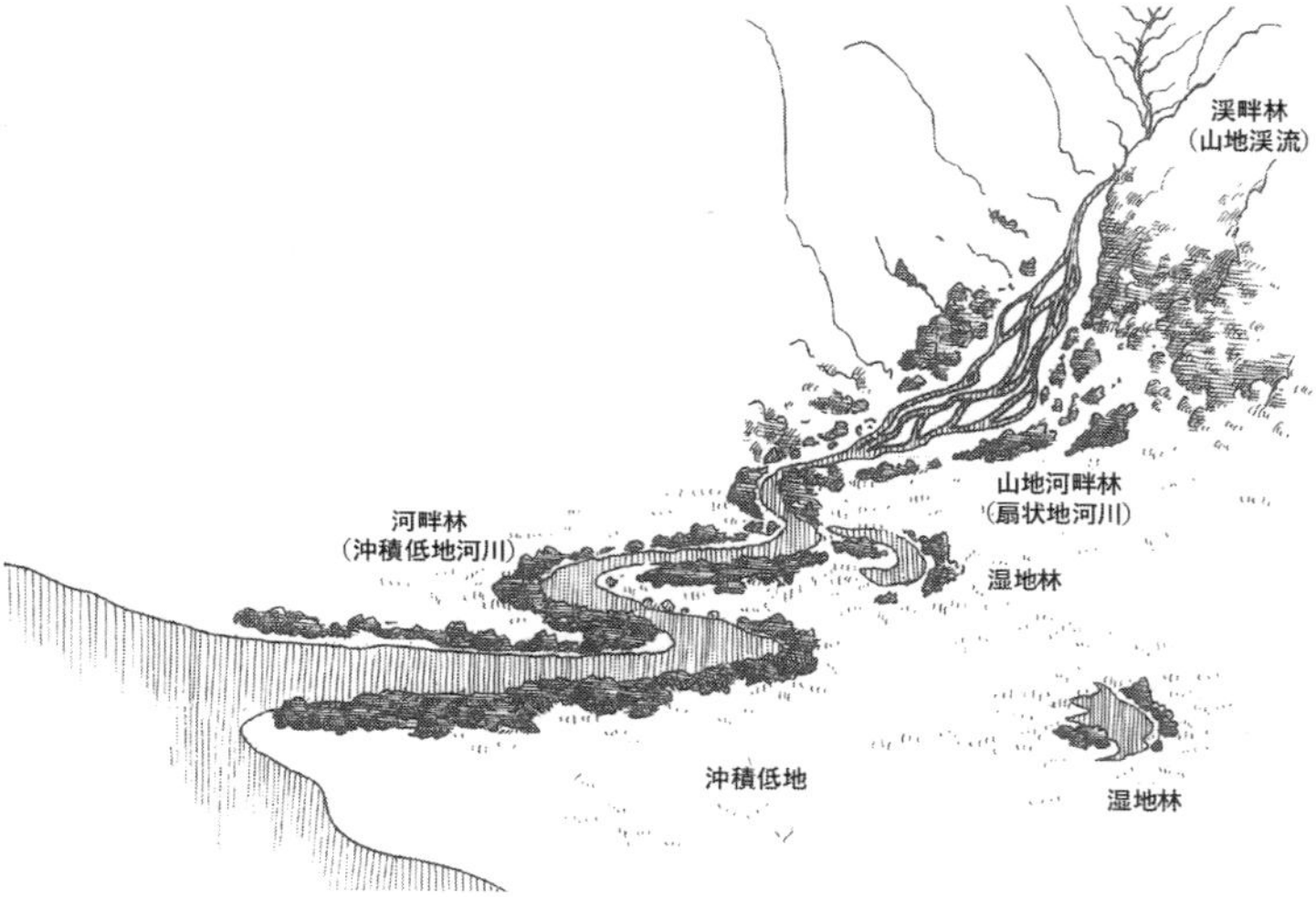

図5　河川の形態と水辺林の種類——水辺林は上流域から下流域に向かって、渓畔林、山地河畔林、河畔林と樹種構成や構造が変化していく（出典：崎尾・山本編〔2002〕『水辺林の生態学』東京大学出版会　図1-7)。

り返される。さらに下流の河川では、河川幅が広がり河畔林と呼ばれる森林が分布する。このような河川では、河畔林は川岸だけではなく、中州の中にも形成される。エノキやムクノキなどの高木だけでなく、ヤナギ類も多く分布している（口絵6）。

亜熱帯や熱帯地方の下流の河口周辺には、上流から流れてきた淡水と海水が混じり合う汽水域が存在して、オヒルギやメヒルギなどのマングローブと呼ばれる森林が発達する（口絵7）。汽水域とは、満潮時に海水が楔状または淡水表流水の下にもぐり込むような形で河川に入り込む地域のことである。沖縄の西表島《いりおもてじま》の仲間川や浦内川河口周辺には、よく発達したマングローブがみられる。

また、下流域の後背湿地には、湿地林が

みられる。北海道の釧路川の地下水位が高い湿地では、ハンノキやヤチダモなど高い水ストレスに適応した樹種が分布している（口絵８）。

2　地形・生態学的影響・樹木の種類で考える

森林帯の境界は線で引けるようにまっすぐなものではなく、森林は連続的で、異なる構成樹種の森林へと緩やかに変化していく。水平的には東北のブナ林から西日本の照葉樹林まで連続的に移り変わっていき、垂直的には高山植生から、亜高山帯、山地帯へと変化していくというふうに、徐々に種組成が変化していくのである。水辺林の範囲も同様に、明確に線で引けるものではない。河川の水際から山地の斜面まで森林は連続しているが、森林を構成している樹種は変化している。しかし、河川管理や森林管理において、水辺林の範囲を規定しなければいけないこともしばしばある。その場合には、大きく三つの基準から範囲を決めることができる（図６）。

一つ目は、河川の地形から定義できる。河川の地形としては、流路、旧流路、中州など日常的な増水によって浸水し頻繁に流水の作用を受ける場所から、河川際に形成される氾濫原、河岸段丘など梅雨時や台風時の集中豪雨による洪水の影響を受けるような地形まで存在する。渓流域の谷壁斜面のように、直接は流水の影響を受けないが、洗掘の影響で渓流に向かって崩壊するなど、二次的に変動する地形もある。以上のような、渓流や河川の影響を受ける範囲に分布している森林群集を水辺林と呼

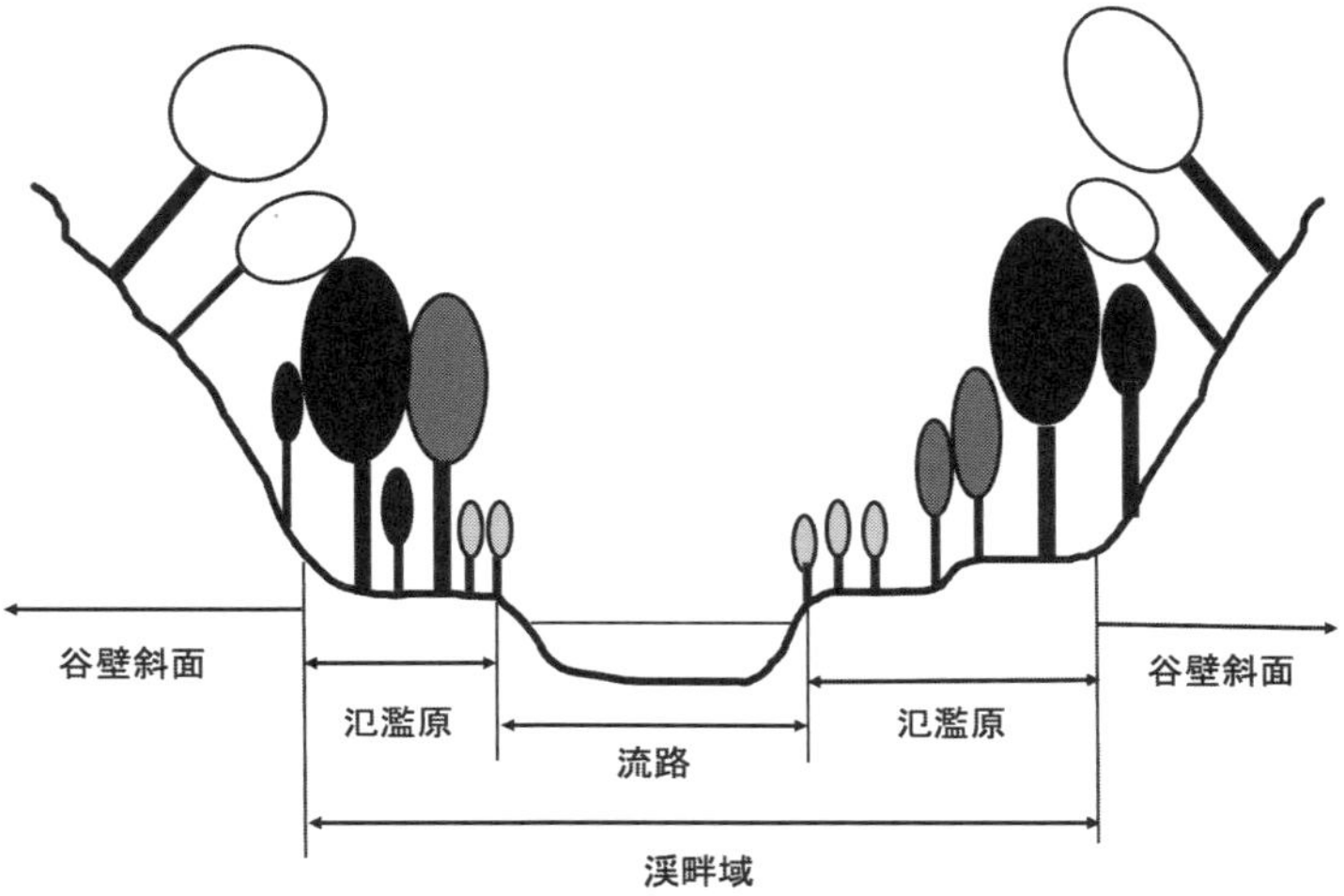

図 6　水辺林の範囲——渓流や河川の影響を直接受ける渓畔域だけでなく、谷壁斜面を含めた範囲を水辺林と定義する。谷壁斜面の樹木からは落葉落枝などが渓流に供給される。

ぶことができる。二つ目は、渓流や河川に生態学的影響を与えうる範囲から定義できる。水辺林は、直射日光を遮る、落下性昆虫を供給する、落葉落枝を提供するなどして魚類をはじめとする河川の水生生物に大きな影響を与えている。このような機能を発揮できる範囲に分布する森林を水辺林と定義することができる。最後に、樹木の種類、つまり植物群落から規定することも可能である。一般に、水辺を好んで分布する植物種は決まっている。先駆樹種（パイオニア樹種）では、ヤナギ類やヤマハンノキなど、遷移後期樹種では、サワグルミやトチノキなどである。これらの水辺樹種に分類される樹木が分布する範囲を水辺林と考えることもできる。生態学的機能に関しては研究事例が少ないために厳密に比較することはできないが、おおむね、これらの三つの定義から規定される水辺林の範囲は、それほど大きく異なることはない。とはいえ、河川の地形は、非常に複雑である。河川幅が著しく狭くなっている区間もあれば、逆に広大な氾濫原を有する区間もある。そのため単純に、「流路から二〇メートル」など距離によって水辺区域を規定することは困難である。ただ、河川管理や水辺域管理において水辺林の範囲を決めるような時には、一定の距離を決めることも必要だろう。日本では渓流や河川際の管理に関してそれほど明確な管理基準などは設定されていないが、アメリカでは、上流域の森林地帯において森林管理に関する生態系に配慮した厳密な基準が設定されている。

3　多様な攪乱が発生する水辺域

攪乱という言葉は、あまり聞きなれないかもしれない。一言で言うと、かき乱すことであるが、自然攪乱は自然がかき乱されること、河川攪乱は大雨による洪水などで氾濫が生じて河川環境がかき乱されることである。日本は温帯モンスーン地帯に属しているために降水量が多く、年間一七〇〇ミリメートルに達する。屋久島の山間部などでは年間一万ミリメートル近くになる。太平洋側では、夏期には梅雨や台風によってまとまった降水が供給されている。台風では一日の降水量が三〇〇ミリメートルを超える集中豪雨もしばしばみられる。一方、北日本や日本海側では冬季の積雪による降水量が多いのが特徴である。そのために、春先の雪解けによる増水が毎年定期的に生じている。

図7　山腹の深層崩壊——上流域の攪乱は地形変動を伴い、土石流、流路変動、山腹崩壊など土砂の移動が常に生じている。

攪乱には種類、その大きさを示すサイズ、強さを表す強度、発生期間を示す頻度などの指標がある。河川攪乱の種類は多様で、上流域と下流域では大きく異なる。渓畔林が分布する上流の渓流域での攪乱は、種類が多様で地形変動を伴うのが特徴である。土石流、流路変動、山腹崩壊（図7）など土砂の移動が常に生じている。積雪地帯では、毎年、雪崩《なだれ》が生じており、独特の植生が分布している。奥会津地域にみられる雪食《せっしょく》地形が典型的で（口絵9）、雪崩によって形成される雪崩斜面にはミヤマナラやマルバマンサクなどの低木林が、尾根には針葉樹のキタゴヨウが、山麓の平坦地にはブナが分布している。このような地形やそこに分布する植物を利用した伝統的な文化によって福島県の只見町《ただみまち》はユネスコエコパーク（生物圏保存地域）に登録されている。山地河畔林が分布する扇状地では、洪水による流路変動が数年、もしくは数十年の単位で発生している。一方、下流域では大規模な土砂の移動や地形変動は少なく、洪水による水位上昇や氾濫が大きな攪乱である（口絵10）。土砂の移動はあるものの、大きな地形変動は少なく、河川は長期間水に浸かり、大規模な洪水では、堤防の越流や破堤が生じる。堤内の後背湿地においては長期間の滞水がみられることもある。しかし、過去には日本中の平野において広大なヨシ原や湿地の氾濫原が存在して、河川は洪水のたびに頻繁に流路を変えていた。

サイズは攪乱が影響を与えた面積で示される。強度は、山の斜面の崩壊で例えれば、表層の薄い土壌が崩壊する表層崩壊では低い強度であり、深層の岩盤から崩壊する深層崩壊（図７）では強い強度と言える。頻度は、攪乱が生じる期間で、融雪や梅雨時の洪水は毎年決まった時期に生じるが、数年に一度の大型台風や、数十年に一度の地震や大規模な土石流は、将来発生することが予想されていてもいつ発生するかを予測できない。一般に、小さなサイズの攪乱は再来期間が短く予想しやすいのに対して、大きな攪乱は再来期間が長く予測が困難である。地質学的時間で言えば、こうした大規模な攪乱は、日本列島の物質循環に欠かせない新陳代謝と言える。

4　撹乱がつくる多様な土壌・水分・光環境

水辺環境の多様性は、これらの自然撹乱によって生じている。大きく分けると、土壌環境、水分環境、光環境に分けられる。上流域の土壌環境は特に複雑で、岩盤、巨礫、砂質土壌が入り混じっており、倒流木《とうりゅうぼく》、枝、リター（落葉など）なども混在している。下流にいくにしたがって、礫サイズが小さく角がとれて丸くなり、下流域では砂かシルト質に近づいていく。

水辺の水分環境は、複雑である。地下水位が高く、一般的には土壌水分が豊富であると考えられているが、中州や氾濫原の小高い砂礫堆積地では、直射光の影響で表層土壌が著しく乾燥している。また、裸足で歩けないほどの高温になることもしばしばである。しかし、洪水などで水位が上がった後は、高い土壌水分量を示し、樹木の種子の発芽サイトになったりする。

光環境は、上流域の渓畔林では、その林冠木《りんかんぼく》によって覆われ直射光が遮られるために、比較的暗いが、中流から下流へと河川幅が広くなるとともに直射光が水面に差し込むようになる。そのため、上流域では水生生物のエネルギー源は水辺林から供給される落葉や落枝であるのに対して、中下流域では水中で光合成を行う藻類などが増加して、魚類も中流から下流では藻類を餌とする魚種に変化していく。

5　水辺林が育む生き物たち

水辺林は、河川の生物に影響を与えるさまざまな生態学的機能を持っている（図８）。上流域の渓畔林では、林冠木が渓流上部を覆い尽くすことによって、直射光を遮り、水温の上昇を抑えている。魚類の生息環境にとって、渓流の水温はその分布域を規定するほど重要な要因である。上流域にはイワナやヤマメなどサケ科の魚類が生息しているが、水温が低温に保たれるためには、渓畔林の存在が不可欠である。北海道に分布するサクラマスの生息密度は、渓流水の最高温度の影響を受けており、水温が二五度を超えると生息することができない。

渓流を覆う渓畔林の樹冠によって、夏の日射量は直射光の二〇パーセント以下に抑えられている。そのため、渓流中の岩肌には藻類などはほとんど分布せず、水生生物のエネルギー資源は、夏から秋にかけて渓畔林の林冠層から供給される落葉落枝に依存している。渓流に落ちた落葉には菌類と微生物が付着しており、トビケラやカワゲラなどの水生昆虫によって食べられたり、営巣の材料とされたりする。

渓流に倒れ込んで流されてきた倒流木は、渓流の地形形成に大きな役割を果たしている。渓流内の岩や礫と組み合わさって階段状の構造、つまりステッププールをつくり、淵は魚類の隠れ家となっている。これらの倒流木は、魚類の生息に重要であり、人工的に渓流内に倒木を配置し、魚類の生息環

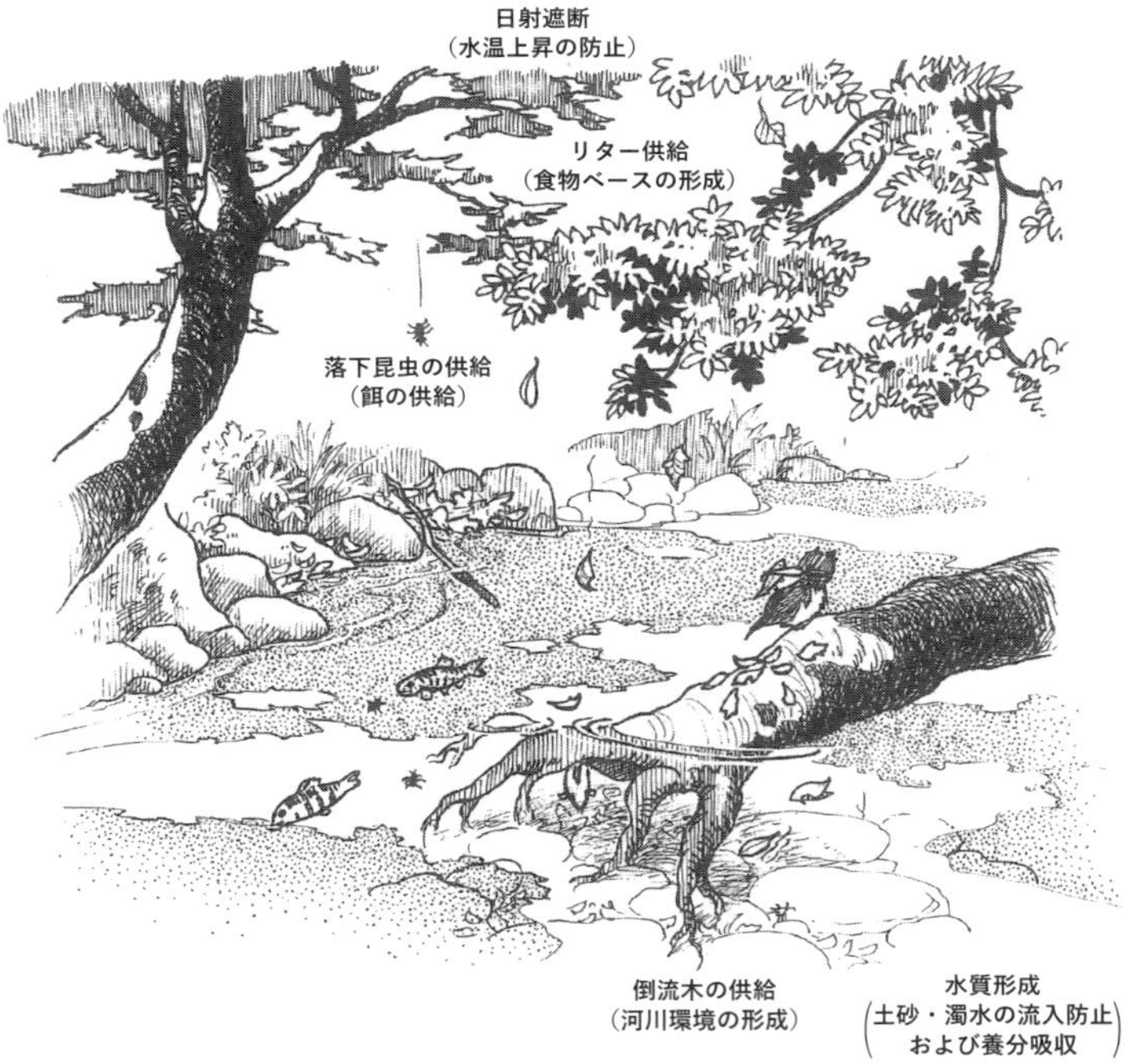

図 8　渓畔林の生態学的機能——渓流を覆う林冠は、日射遮断、落下昆虫・落葉などの供給源となる。倒流木は魚類の隠れ家やステッププールなどの地形形成にとって重要である。また、水際の林床植生は土砂の捕捉や栄養塩類を吸収する役割を担っている（出典：崎尾・山本編〔2002〕『水辺林の生態学』東京大学出版会　図 1-15）。

境を再生するような取り組みも行われている。

水辺林は水質浄化にも一役買っている。河川周辺に分布するわずか一〇メートル幅の河畔林が、農地から流入した多量の栄養塩類（窒素やリンなど）を除去することもわかっている。上流域の森林施業地域で発生する微細な砂を補捉する機能も確認されており、伐採の際に渓畔域の樹木を残すことで、土砂の捕捉機能を高められることが確かめられている。

水辺域は、土壌・水分・光・養分環境など多様な立地環境がモザイク状に組み合わさっているため、多くの植物の発芽・定着サイトとなっている。ここで生じる攪乱のサイズもさまざまで、大規模攪乱地には、ヤナギ類やヤマハンノキなどの先駆樹種が侵入している。また、水辺域は魚類や水生昆虫だけでなく、サンショウウオやカエル類をはじめとする両生類の産卵場所や幼生の生息場所としても重要である。カワガラスのように渓流に棲む鳥類もおり、野生動物が移動する回廊としての役割も大きい。

6　ヒトも恩恵を受けている

水辺林が我々に提供してくれる生態系サービスは多岐にわたっている。食品に関しては、ミネラルウォーターをはじめ、内水面水産業のイワナやヤマメ、回遊魚のアユなどが挙げられる。また、養蜂業の蜜源としては、トチノキ、キハダ、シナノキなどの他に、外来樹種であるがハリエンジュ（ニセアカシア）も重要な樹種である。昔はシナノキやオヒョウの樹皮の繊維は、布や縄に使用されていた。キハダの形成層やメグスリノキは、漢方薬の原料となっている。下流域や湖の湖畔に分布するヨシは、屋根葺きやすだれとして広く利用されていた。また、ヨシ帯にひそむ魚を捕らえる「よしまき網漁」もさかんに行われていた。

　また、河川や湖はレクリエーションの場を提供し、フィッシング・トレッキング・沢登り・カヌー・ボート・キャンプなどに利用されている（口絵11）。春の新緑や秋の紅葉などの景観も重要な産業資源となっており、本書の冒頭で触れたように観光地の絵葉書やポスターには渓流や滝などの水辺の画像やイラストを配したものが多くみられる。

　倒流木の供給は、生態学的機能に分類されるが、洪水の際に上流から流れてきた流木を捕捉して下流への流下を防いでいることがわかってきた。これまで、水辺林のヤナギ類は流木化して下流に運搬されて災害を引き起こすとして伐採・除去されてきた。しかし、最近の研究では、山地における豪雨の際に、山腹崩壊などで発生した大量の人工林の流木やゴミを河川氾濫原に存在するヤナギ林などが捕捉することが確認されている。

第3章　水辺の樹木の多様な生き方

1　樹木の生活史とは？

人間には、赤ちゃんとして生まれて、幼児から青年となって年をとり老人となり死を迎えるというライフサイクルがある。樹木も同様に、花→種子→実生→稚樹→成木という生活史を持っている（図9）。この生活史の特性は樹種によって大きく異なり、毎年花を咲かせるヤナギ類のような樹種もあれば、二、三年の周期性のある樹木もある。寿命が数十年の樹木もあれば、一〇〇〇年を超えるような長寿命の樹木もある。特に、水辺林を構成している樹木の生活史は河川攪乱に適応しており多様で興味深い繁殖戦略を持っている。

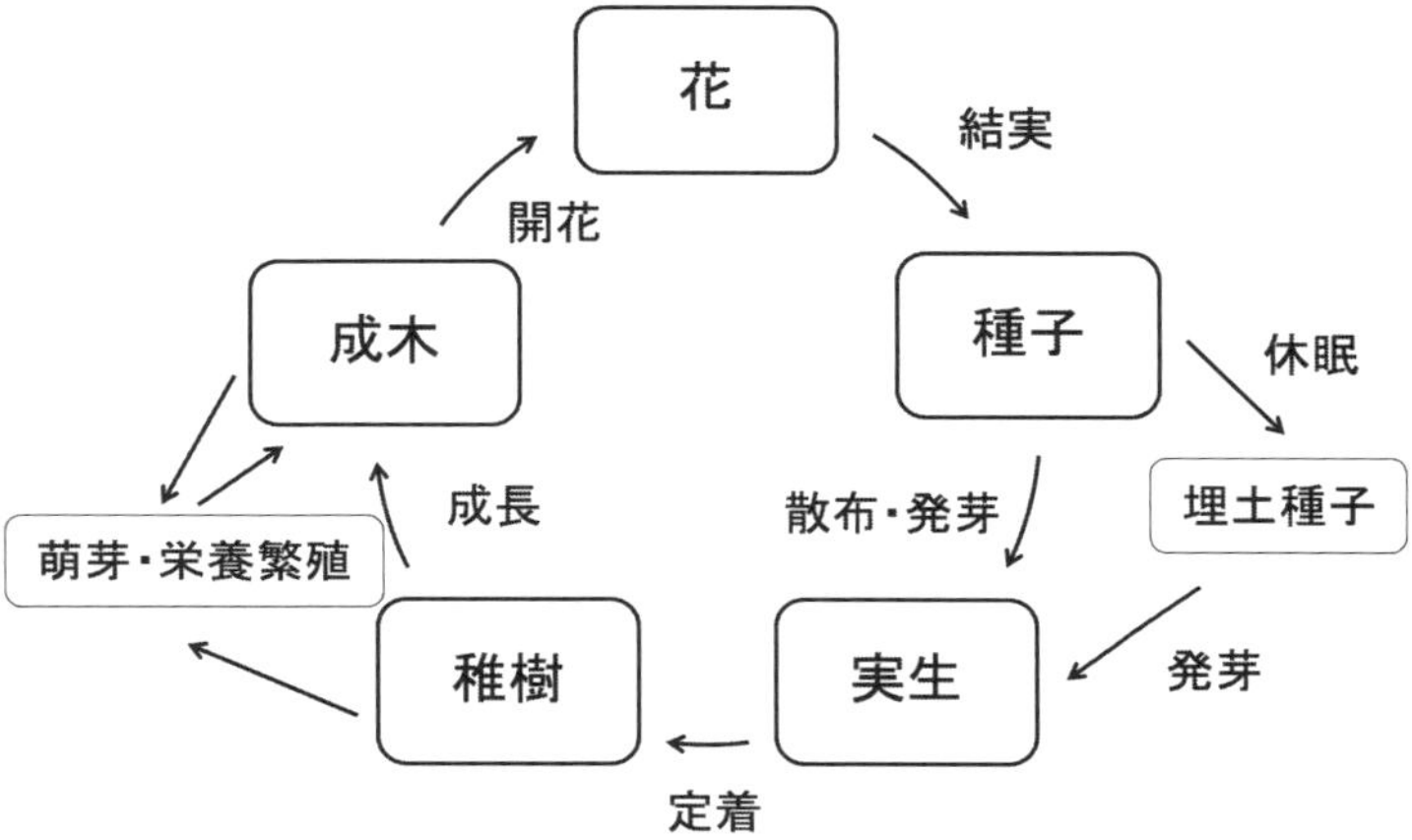

図 9　樹木の生活史――一般に樹木の生活史は、花、種子、実生、稚樹、成木と循環しているが、種子が埋土種子として休眠する場合や、萌芽や栄養繁殖によって個体を拡大する場合もみられる。ハリエンジュはそのどちらの繁殖戦略も持っている。

2　花を咲かせる

樹木の性表現には、サクラの花のように両性花を持つ樹木（口絵12）、コナラなどのように雄花と雌花を別につける樹木（雌雄同株）、カツラのように雄花をつける雄個体と雌花をつける雌個体に分かれているもの（雌雄異株）など多様な形態がみられる。

水辺の樹木では、フサザクラのような両性花を持つ樹木は少ない。一方でハンノキ・サワグルミ・サワシバなどは雄花と雌花を一本の木に咲かせる単性雌雄同株、トチノキは一つの花序の中に雄花と両性花を咲かせる雄性両性同株、カツラ・ヤナギ類は雄花と雌花が別の木に咲く雌雄異株、シオジやヤチダモは雄花と両性花が別の木に咲く雄性両性異株である。カエデ属は種によって性表現がまちまちで、イタヤカエデやオオイタヤメイゲツのように雄花と両性花が同じ木に咲く雌雄同株と、アサノハカエデやチドリノキのように別の木に咲く雌雄異株とに分かれており、ウリハダカエデのように雄から雌に性転換を行う樹種も含まれている。また、水辺に分布する多くの樹木は花弁を持たないか、もしくはカエデ属のように小さくあまり目立たない花を咲かせているものが多い。例外としては、トチノキのように花弁を持った花を大きな円錐花序にたくさんつけたり、花弁はつけないで春先に燃えるような紅色の花を咲かせるフサザクラやカツラのような樹木もみられる。開花には年による豊凶の差がみられるが、これについては「種子の生産（豊凶）」の節（39ページ）で触れる。

3　花粉を運ぶ（風媒・虫媒）

花を咲かせた樹木は繁殖のために花粉を散布する。両性花を持つ樹種や雄花と雌花が同じ個体に存在する樹種でも自分の花粉で受精できない自家不和合性を持っていたり、ハウチワカエデのように雄花と両性花の成熟時期がずれていて自分の個体の花粉では受精できない雌雄異熟というシステムを持っている樹種もある（口絵13）。このような場合や雌雄異株の樹木では、花粉が他個体に送粉されなければ受精できない。樹木の花粉の送粉はヤブツバキのようにメジロやヒヨドリなどの鳥類によって行われたり、熱帯の樹木のようにコウモリによって送粉されるケースもあるが、水辺の樹木の大部分の樹種の送粉は風や昆虫によって行われる。このような送粉システムを持つ花を風媒花や虫媒花と呼んでいる。

水辺に分布するサワグルミ、カツラ、シオジ、ケヤキ、ハンノキは、風によって花粉を送粉する風媒であるが、トチノキ、ヤナギ類、カエデ類は虫媒である。トチノキは白い花をたくさんつけた長さ二〇センチメートル以上もある大きな目立った花序を枝の先に直立させて、いかにも虫を呼び寄せているような形態をしている。主として虫の中でも比較的大型のミツバチ属やマルハナバチ属の昆虫によって花粉が運ばれている。養蜂業で利用されているセイヨウミツバチや自然分布しているニホンミツバチはその代表的な昆虫で、蜂蜜でトチの蜜として売られているほどである。ヤナギ類ではハナバチ、ハナアブやハエ類、ミツバチなどが訪花していることが確認されている（口絵14）。そのためヤナギ類は虫媒とされるが、空中の花粉分析で比較的多く観察されることから、風媒と虫媒という二つの送粉形式を持っていると思われる。ヤナギ類でもケショウヤナギは花に腺体を持っていないので風媒である。

風媒の樹木の場合、効率的に風で受粉するには個体間の距離が短いと効率がよいため、個体が密に集まった林分として個体群が形成されることが繁殖に有利である。サワグルミやシオジ、ヤマハンノキ、フサザクラ、ハルニレなどはそれぞれ同じ樹種の一斉林を形成していることが多いが、これは一斉林を形成することが受粉効率を上げる上で有利に働くからであろう。特に雌雄異株の場合はなおさらである。しかし、同じ風媒とされている雌雄異株のカツラは、点在した分布パターンを示し、一斉林を形成することは少ない。春先一番に、目立つ真っ赤な花を咲かせて、いかにも虫を惹きつけそうである。カツラの開花はまだ周辺の樹木が展葉を行わない早春に始まるため、障害物のない林冠層へ花粉が比較的効率よく風に乗って散布されているのかもしれない。とはいえ、人の目の届かない高い林冠でハエやアブなど小さな昆虫を惹きつけている可能性もある。

4　種子の生産（豊凶）

樹木は開花した後、受精して結実し種子を生産する。昔から開花や種子生産に豊凶のあることが多くの樹木で知られてきた。水辺に分布する植物でも種子生産のパターンは樹種によって大きく異なっている。一般的には先駆樹種は豊凶の差がほとんどなく、遷移後期樹種は豊凶を示すと言われている。ヤナギ類は毎年春になると雌雄ともにほとんどの個体が開花し種子を柳絮《りゅうじょ》として散布する（口絵15）。福島県只見町の伊南川《いながわ》で数年間、シロヤナギとユビソヤナギの開花と結実を観察した結果、ほぼ全個体が毎年樹冠いっぱいに花を咲かせて種子を生産していた。河川の中州など攪乱頻度の高い立地を生息地とするような樹木は、できるだけ更新の機会を多くするために毎年開花結実を行っていると考えられる。それに対して、比較的長期間立地が安定した場所を生息地とする長寿命の樹木の場合は、開花結実の豊凶の差が著しい。シオジ、サワグルミ、ケヤキ、トチノキなどは二、三年の周期で豊凶を繰り返している。種子生産の豊凶の究極要因には、捕食者飽食仮説や風媒仮説などがあり、シオジ、サワグルミやケヤキなど風媒の樹木で一斉林をつくるような樹木の場合は風媒仮説、齧歯類（ネズミやリス）などによって貯食されるようなトチノキの場合は捕食者飽食仮説によって説明できる。しかし、これらの樹木と同じように長期間立地が安定した場所を生息地とし長寿命の樹木であるカツラは、はっきりした豊凶のリズムを示さない。変動そのものは示しているが、シオジやサワグルミのようにほとんど種子を生産しない凶作の年はみられない。これは、カツラの生存戦略と関係している。カツラは種子で更新する機会が非常に少なく、ごくまれに生じる大規模な攪乱の時に種子によって更新している。そのような大規模な攪乱はいつ、どこで生じるかわからないので、毎年小さな種子を大量に遠くまで散布して、更新のチャンスを確実にものにしているのだろう。

5　種子を散布する

種子散布の方法には風散布、重力散布、水散布、動物散布などがある。風散布を行う種子でもその形態はさまざまで、たとえばヤナギ類は柳絮と呼ばれる綿毛で非常に小さな種子を風に乗せ、はるか遠方まで散布している。また、河川の水面に落ちた種子は流れて水際にトラップされてそこで発芽する。ハルニレ、フサザクラ、カツラ、サワグルミ、カエデ類などは果実に翼がついて風によって散布される。ケヤキは小さな葉がついた枝ごと風で散布され、風によって地面を転がり移動する（口絵16）。ハルニレ（口絵17）やフサザクラ、カツラの種子は比較的小さいので翼によって散布される効果は大きいが、サワグルミやカエデ類は種子そのものが大きく重たいので、そこまで遠方に散布されることはない。せいぜい親個体の周辺に散布されるぐらいである。トチノキのように三〇グラムにもなる大きな種子は重力散布で樹冠の真下に落下する。そして地面に落ちた後に齧歯類などの動物による貯食のために二次的に散布される。シオジの果実は紡錘形をしており、一見風散布に見えるがそれほど遠くまで散布されることはない。樹高が二〇メートルぐらいの個体でもせいぜい数十メートルの距離に散布される程度である。しかし、果実が渓流内に落下した場合はボートのように水の流れに乗って下流に運搬されていく。そして、打ち上げられた砂礫地で発芽する。

6　眠る種子（埋土《まいど》種子）

樹木の種子の中には散布された翌春に発芽しないで、しばらく土壌で休眠するものがある。カツラやフサザクラなどの小型の種子は土壌中に埋土種子集団を形成している。カツラは苗畑で春先に播種後、大部分の種子はすぐに発芽したが、一冬越した翌年に発芽する種子もみられた。一方、トチノキ、シオジ、サワグルミなどの大型の種子は結実した翌春から初夏にかけて発芽し、それ以降に発芽能力のある種子はみられない。湿地林の構成樹種であるヤチダモは、著しい発芽遅延を示し、種子の結実時には胚が十分に成長しておらず、発芽は翌々年になることが多い。また、メグスリノキなどカエデ類でも翌々年に発芽する樹種もある。外来樹種で河川流域に分布を広げているハリエンジュには種子異型性があり、すぐに発芽できる種子と数十年という長期にわたって休眠する種子の両方を持つことが知られている。

7　発芽する（発芽場所）

樹木の種子が発芽する場所の環境は非常に多様である。水辺域、特に渓畔林の地表面の土壌環境は非常にさまざまで、樹種によって発芽する場所が異なっている。発芽場所は、その場所の土や礫のサイズと種子サイズの関係によって決まる。また、地表面の落葉層の有無によっても大きく変化する。カツラ、フサザクラ、ヤマハンノキなどの非常に小さな風散布種子の発芽は、落葉層のない粒子の細かな土や砂の上に限られる。このような場所が林内に生じることは少なく、山腹崩壊や土石流、大木の根返りなどによってまれに生じる。フサザクラやヤマハンノキは、河川際の砂礫堆積地で発芽し、一斉林を形成することも多い。また、小さな種子が小さな粒子の土壌で発芽することがシラカンバなどで実験的に証明されているように、種子の水分吸収のためには種子と同じようなサイズの土壌粒子が必要である。

シオジやサワグルミのように比較的大きなサイズの種子は、落葉の中に散布されても発芽することができるが、このような場所にはすでに草本層が発達しているため、その後の生存率は低い。一方で渓流際の比較的粒子の大きな礫の間は良好な発芽場所であるとともに、草本などによって光を遮られることもないので、しばらくは生存することができる。トチノキのような非常に大きなサイズの種子は、冬季の乾燥によって発芽能力を失ってしまうため、動物によって土中や落葉の中に埋められることが発芽の条件になる。

山地河畔林や下流の河川沿いに分布するヤナギ類にとっては、融雪洪水が引きはじめる時の河川際の湿った砂礫地が発芽に適している場所である（口絵18）。ヤナギ類の種子の散布方法は風であるが、実際の発芽場所へは風で河川の水面に散布された後に水流によって流され岸に打ち上げられた種子が多いと思われる。このような場所は砂礫の粒子が細かく、水が引いた後なので土壌が水分を含んでおり発芽に適している。

8　実生の成長（光環境）

多くの樹種にとって、発芽する場所と成長する場所は異なっている。発芽できる場所はかなり広い範囲に及ぶが、成長しつづけることができる場所はかなり限られている。この一番大きな要因は、光環境である。これまでブナ林を代表とする多くの森林で、実生が成長して更新できる場所は、林冠のギャップが形成された明るい場所であることが明らかになっている（図10）。つまり、光環境に恵まれている場所でなければ実生は成長しつづけることができない。そのため、林冠木が樹冠層を覆って直射光を遮っている上流域の渓畔林で樹木の実生が成長するためには、倒木や立ち枯れによる林冠ギャップの形成が必要である。実生が更新しつづけるギャップのサイズは樹種によって異なっており、シオジのように耐陰性の高い樹種では、単木の倒木や根返りなどで形成された小さなギャップでも実生の成長が可能である。サワグルミのように成長に強光を必要とするような樹種は、直径数十メートル以上の大きなギャップを必要とする。このような大きなギャップは、山腹崩壊や土石流によって形成される。

少し下流に行くと河川の幅が広くなり、連続した空間が現れるようになる。そのような河川ではフ

図 10　林冠ギャップの形成——樹木が幹折れして林冠にギャップが形成された。樹木の成長には十分な光を得られる環境が必要。

サザクラやヤシャブシなどの先駆樹種が一斉林を形成する。そして、河川幅が非常に広く流路変動を生じるような山地河畔林では、ヤナギ類が優占するようになる。そのような場所には、季節を通して強い直射日光が差し込んでいる。

9　水との格闘（耐水性）

水辺に生育する樹種は耐水性が高いと思われているが、すべての樹種が高い耐水性を備えているわけではない。水分環境は場所によって大きく異なり、地下の土壌中の水が常に動いている渓畔林のような場所もあれば、水の移動がほとんどない湿地のような場所もあり、樹種の分布はこのような土壌中の水分環境によって制限される。

上流域の渓畔林を構成する樹木の中でもシオジやトチノキは比較的滞水の影響を受けないが、サワグルミやカツラの実生は滞水によって成長が五〇パーセント以上抑制される。当年生実生を冠水させた実験において、シオジは一〇日間の冠水でもすべての実生が生存していたが、サワグルミでは七〇パーセント、カツラでは一〇パーセントの実生しか生き残らなかった。

湿地を生育環境とするハンノキやヤチダモは不定根や萌芽を発生させて滞水環境に適応している。ミシシッピ川流域の湿地に分布しているヌマスギは、特に強い耐水性を示す。二年間、稚樹を完全に水の中に沈めておいても、取り出すと、新たな新芽を展開させてくる（山本福壽博士からの私信）。

10　樹木の寿命（長寿命と短寿命）

樹木の樹齢を正確に測定しようとすると、伐採して年輪を数える必要がある。しかし、天然記念物や保護林の樹木を伐採することは不可能である。木部のコアを取り出す成長錐という器具を用いて年輪を数える方法もあるが、測定できる直径も限られている上、高樹齢の樹木は木部の中心部がすでに腐朽しており、年輪を測定することはできない。

また、熱帯林など四季のない地域の樹木は年輪を形成しないために樹齢を測定することは難しい。そのため、樹木の樹齢に関しては、なかなか正確な測定ができず、推定の域を出ないところも多い。世界で最も長寿の樹木は、北米の森林限界に分布するイガゴヨウマツ（*Pinus aristata*）で、最高樹齢は四八〇〇年とも言われている。日本では屋久杉の三〇〇〇年（諸説あり）が最高と思われる（図11）。

水辺に分布する樹木で長寿命というとカツラが挙げられる。一本の幹の寿命は三〇〇年程度と考えられるが、幹の周りに萌芽を発生させて、主幹が枯死するとそれに代わって萌芽が成長する。そしてドーナツ状に株が拡大していくので、個体としての樹齢は一〇〇〇年を超えるかもしれない。シオジやケヤキは単木で成長し最大樹齢は三〇〇年ほど、サワグルミは幹の中心部から腐朽しやすくせいぜい一五〇年ぐらいである。ハンノキやケヤマハンノキは一〇〇年程度である。一方、寿命が短い樹木では、先駆樹種とされるフサザクラで五〇年、オノエヤナギ、マルバヤナギやタチヤナギなどのヤナ

◀図 11　樹齢 3000 年以上と言われる屋久島の縄文杉——屋久杉の中で最も直径が大きい。

▶図 12　巨岩上のカツラ——長寿命のカツラは岩壁や大きな岩を包み込むように生えていることが多い。

ギ類で五〇年程度である。

これらの樹木の樹齢は、生息地の攪乱体制と大きく関係している。長寿命の樹木の生息地の条件は、攪乱頻度が非常に低いことである。屋久杉は一〇〇〇年を超える寿命を持っているが、沢の中や急斜面、風当たりの強い尾根筋にはそれほどの巨木は見当たらない。巨木があるのは沢に近く比較的平らな大きな岩が分布しているような場所である。カツラは渓流の中でも大きな礫がある場所に分布し、極端な場合は巨岩や岩盤に抱きつくように生えている（図12）。このような場所は過去には大規模な山腹崩壊などが生じたが、その後長期にわたって安定しつづけている立地である。

一方で、寿命の短いヤナギ類は山地河畔林や河畔林など、洪水によってしばしば流路変動などの河川攪乱が生じている場所に分布している。上高地の山地河畔林では数十年に一度程度の大規模な流路変動の攪乱が生じており、それに伴って植生の変化がみられる（口絵5）。只見の伊南川にみられるシロヤナギやユビソヤナギの河畔林も数十年に一度程度の大洪水によって破壊され、新たに更新している。下流域では毎年のように梅雨期や台風時に洪水が発生しており、そこに分布する低木のヤナギ類は流失したり埋土されたり大きな影響を受けている。

11　萌芽発生

萌芽発生は樹木にとって個体を長期間維持する戦略であるとともに、繁殖戦略でもある。里山でコナラなどが伐採された後に、切り株から萌芽を発生させて萌芽更新することはよく知られている。いわゆる雑木林で、十数年間隔で伐採を繰り返すことによってコナラやエゴノキやヤマザクラなど萌芽を発生する能力のある樹種が里山の優占種となっていく。

少し標高の高い地域では、薪炭材としてミズナラが利用され、密度の高いミズナラ林が形成されている。これらの樹木の伐採は地際で行われるが、東北地方や日本海側の積雪地帯では、地上二～三メートルの位置で樹木が伐採され、そこから伸びた枝を繰り返し伐採している。こうしてできる樹形は「あがりこ」（口絵19）と呼ばれ、春先に積雪が締め固まった頃に枝を伐採し、そりなどで雪の上を滑らせて搬出していた。

一方、人為的な伐採なしでも自然の状態で萌芽の発生を行っている樹木がある。カツラやフサザクラは、複数の幹で樹幹が形成されていることも多く、主幹が枯死した後にそれを補完するために主幹の周りに発生していた萌芽が成長を始める。それによって個体の寿命を長く引き延ばしている。また、林冠木の下で低木や亜高木層を形成するチドリノキやアサノハカエデは、主幹の周りに多くの萌芽を発生させて主幹が枯死するとそれに代わって萌芽が成長して主幹となっていく。これらのカエデ類は、林冠木の下の暗い環境で生存しつづけるために萌芽で更新している。主幹の成長に伴い光合成と呼吸のバランスが崩れて炭素の収支がマイナスになると、主幹を自ら枯死させて、新たな萌芽に切り替えて個体を維持していると思われる。

外来樹種であり河川流域に分布を拡大しているハリエンジュは、周りに張り巡らせた水平根から根萌芽を発生させる。シウリザクラ、シンジュ（ニワウルシ）、タラノキ、ヌルデなども同じように根萌芽を発生させる。

これらの根萌芽から発生した幹は遺伝的には同じ個体であり、周辺に次々と幹を増やしていく。河川の中下流域の中州や河岸でみられるハリエンジュの林分には、根萌芽で拡大した幹で形成されたものも多い。

12　栄養繁殖（枝で繁殖）

樹木の中で栄養繁殖をする代表といえばヤナギ類である。葉を取り去ったヤナギの枝をコップに入れた水につけておくと、一〇日ほどで白色の根が枝のあちこちから伸びはじめる（図13）。もちろん土に挿し木しても同じように発根して成長を始める。しかし、ヤナギの種類によってはまったく反応が異なっている。低木性のネコヤナギ、イヌコリヤナギ、タチヤナギなどは発根性が非常に高い。また、高木性のオノエヤナギやシロヤナギも高い発根性を示す。一方で、ユビソヤナギはほとんど発根しない。自然の河川でこのような栄養繁殖がどれほど行われているか調べた例は少ないが、流れてきたヤナギの枝から発根している様子はたびたびみられる（図14）。

スギも落枝で栄養繁殖している可能性が高い。スギ苗を生産する場合には、種子を播種して苗木を育てる場合と、枝先を挿し木して苗木をつくる場合がある。佐渡島のスギ天然林では自然状態で落下

図 13　ヤナギの発根——枝を水につけておくと発根するヤナギ類もある。土に挿し木しても同じように発根して成長を始めるが、ヤナギの種類によってはまったく反応が異なる。

図 14　栄養繁殖を行うヤナギ類——只見町伊南川の上流から流れてきたヤナギの枝から発根。

した枝から発根して成長しはじめているスギの稚樹がみられる。冬季の積雪によって折られた枝が、春先に融雪によって生じる湿地環境で発根したと考えられる。太平洋側の乾燥した地域ではこのような現象は生じないと思うが、積雪環境の下では発生している可能性も十分にある。

第4章　代表的な水辺林とそこに生きる樹木

1　渓畔林

シオジ

シオジはこれまでモクセイ科トネリコ属でヤチダモとともにシオジ節（節は属と種の間の分類階級で、属を細分化する際に用いる）に分類されてきたが、最近の遺伝子解析による系統分類の研究では両者は遠い関係にあることが明らかになった。分布は栃木県を北限、宮崎県を南限とし太平洋側に偏る。冷温帯の渓畔林を構成する落葉広葉樹で、樹高三〇メートル、胸高直径（ＤＢＨ）一・五メートルにいたる林冠木（図15）として一斉林を形成する（口絵20）。シオジの性表現は形態的には雄性両性異株で、雄株にはおしべだけつける雄花を、両性株にはおしべとめしべを併せ持つ両性花と雄花をつける。両性株の両性花や雄花が雄の機能を持っていることも確かめられ、機能的にも雄性両性異株で樹木としては非常に珍しい性表現を持っていることが明らかになった。ただ、両性株は自分の個体の花粉では受精することができない自家不和合性を持っている。また、すべての両性株の両性花が雄機能を持つとは限らず、雄性両性異株から雌雄異株への進化過程の途中と考えられる。開花時期は標高によって異なるが、葉の展開前の四月中旬から五月中旬頃で、最近は気候変動のため年によっては二週間程度前後することもある（図16）。種子は一〇月頃に成熟するが、開花直後から多くの果実が生理落果を起こす。果皮は八月頃に長さ四センチメートルとほぼ最終的なサイズに成長するが、中の種子はまだ非常に小さく、一〇月にかけて果皮の中の種子を成長させ、一一月頃落葉の後に一斉に落

図15　埼玉県秩父大山沢渓畔林のシオジの巨木
——このシオジは大山沢の中でも大きな直径を持つ個体の一つ。5月初めに開花調査に行った時の写真で、低木は葉が展開しはじめているが、高木はまだ芽吹いていない。

図16　大山沢のシオジの開花──開花時期は葉の展開する前の4月中旬から5月中旬頃なので肉眼でも確認できる。最近は気候変動のため年によっては2週間程度前後することもある。

下する（口絵21）。シオジの花は開葉に先立って咲き、種子落下は落葉後であるので、双眼鏡による目視で容易く豊凶を観察できる（口絵22）。

開花や種子の結実には、ブナなどの遷移後期樹種と同じように明らかな豊凶がみられる。一九九五年から二〇二三年までの調査によると、二〜三年程度の周期で豊凶を繰り返している。その際には多くの個体が同調しているのが特徴である。樹木の開花結実の豊凶の原因に関しては、これまで多くの研究者が解明に取り組んできた。種子生産の豊凶の原因には究極要因と至近要因がある。究極要因とは進化的な要因で、至近要因はメカニズムの要因である。究極要因の有名なものでは、捕食者飽食仮説がある。毎年同じだけの種子生産を行っていると、動物によってすべて食べられてしまうが、大量結実させた年には食べ残しが出るので子孫を残すことができる。凶作の年には、動物は餌がないので個体数を減らす。最近よく話題になっているように、山でドングリがならない年はツキノワグマが里に出てきて問題を起こしているが、特にブナやミズナラなどの樹木では豊凶が顕著である。一方で、至近要因では、熱帯林において気候がスイッチとなって一斉開花が生じていることが報告されている。一定期間の低温や乾燥が花芽形成を誘発するというものである。また、種子生産の豊凶変動を炭素や窒素などの貯蔵資源の蓄積と放出による経年変動から説明しようとする資源収支モデルなどがある。個体内に一定以上の栄養分が蓄積されると花芽形成および種子生産が行われるという考え方で、その翌年からは、再び養分が蓄積するまで凶作が続くという論理である。このモデルに関しては当初、光合成によって得られた炭素に焦点が当てられていたが、最近は窒素の蓄積が重要との研究結果が出ている。

これらの豊凶の原因に関しては、その地域や樹種によって違いがあることがこれまでの研究から明らかになっている。シオジの豊凶の原因に関しては、一定の豊凶間隔があることや前年の花芽形成の時期の気温や降水量とは関係がないことから、資源収支モデルが当てはまると思われるが、その貯蔵資源が炭素であるのか窒素であるのか、それ以外の栄養分であるのかはわかっていない。

シオジは、二〇〇〇年頃まではメリハリのある豊凶を繰り返していたが、それ以降は豊凶の周期が短くなり、開花結実の量が高止まりの傾向にある。特に、雄個体は毎年のように開花する傾向を示している。この傾向は、他の樹木でも報告されており、気候変動、特に温暖化の影響があると指摘する研究者もいる。

シオジの種子は土中で休眠する埋土種子になることはない。発芽は種子生産の翌年の六月中旬頃から始まり、砂礫地・倒木上・リター層・岩上などほとんどの立地で発芽する。草本植生に覆われたリター層で発芽した実生の大部分は、乾燥や菌害によって枯死する。しかし近年、林床植生がニホンジカによって食べられ、草本による被陰がなくなったために、多くの当年生実生が秋まで枯れずに生存している。当年生実生は、普通は子葉だけであるが（口絵23）、明るい大きなギャップの下では本葉を展開させる。この当年生実生は草本植生に覆われていない渓流際の砂礫地では生存率が高く、増水による水中下でも一〇日間ぐらいはその生存に影響がない。また、実験において明らかになったが、地表面が一年中水に浸かっているような環境でも成長が若干低下するぐらいで、生存に影響はない。

シオジの実生や稚樹は耐陰性が強く、流路跡や小高い砂礫堆積地に稚樹バンクを形成している（口絵24）。これらの実生や稚樹は、林冠下の暗い環境でもわずかに成長を続けるが次第に成長速度が低下し枯死する。しかし、いったん、林冠木が倒れたり枯れたりしてギャップが形成され光環境が改善されると、成長が加速して林冠木にまで成長する。実際、シオジ林の樹齢を調べてみると、ほぼ同樹齢で構成された数本のパッチが数か所みられ、これらのパッチは林冠木の枯死したギャップ下で成長したシオジで構成されていることが明らかになった。埼玉県秩父山地の中津川の大山沢渓畔林においては、シオジが個体数で林冠木の六〇パーセント以上を占める優占種である。シオジの胸高直径の頻度分布の構成は、小さなサイズの個体が圧倒的に多く、直径が増加するにつれて個体数は減少していくが、直径四〇センチメートルあたりにピークがみられ、ある時期に一斉更新したことを示している。実際の樹齢測定の結果から、約二〇〇年前に大きなピークがあったことがわかる。一七〇〇年代の後半に生じた大規模地震による山腹崩壊の際に一斉更新したのだろう。このようにシオジは、大規模な攪乱でも、小さな林冠ギャップでも、更新することができる。シオジは渓流攪乱によく適応し、圧倒的な個体群を維持しているブナのような遷移後期樹種と考えられる。

コラム　シオジとの出合い

私は大学院修了後、埼玉県の林業職の試験を受けて合格する。そして、埼玉県の最も山奥にある中津川集落に赴任する。そこは、荒川の支流である中津川が流れるV字谷の底で、山に囲まれていた。産業といえば日窒鉱山（秩父鉱山）と林業くらいしかない。私は二年間、その地の林業現場で森林管理の監督を務めることになった。そもそも大学で林業を学んでいなかったので、現場で一から鍛えられた。その事務所が管理する森林に、日本の森林管理の礎を築いた本多静六博士が埼玉県に寄付した県有林があった。その一部分に、これまでほとんど人手の入っていない高樹齢の天然林があった。そこが大山沢である。

大学では生物学専攻だったので樹木の名前はほとんどわからなかったが、大山沢に行って天を見上げるような巨木群に圧倒された（図17）。樹高は四〇メートル、太いものでは直径が一メートルもあろうか。その森の大部分はシオジで構成されていた。このシオジ林に取り憑《つ》かれて、調査区を設定して、毎木調査（調査地の中の樹木の樹種と胸高直径および樹高を調べる）を始めた。その当時としては六〇メートル×九〇メートルという比較的大きな調査プロットを設定した。その後、研究機関である林業試験場に異動してからは、森の中に二〇個のシードトラップ（種子トラップ）を設置して種子生産の調査を始めた。その後、種子の

図 17　シオジの巨木と若き日の筆者――大山沢の天を見上げるような巨木群に圧倒される。大部分を占めるシオジの調査を開始した。

発芽や定着、樹齢、開花の周期、性表現、花粉の発芽など生活史全般にわたる研究を行った。当初は、単に巨木群としてシオジ林を扱っていたが、研究を進めるにつれて、この森は渓流際の水辺に特異的に分布する渓畔林であることがわかってきた。

その後、この研究は渓畔林、河畔林、湿地林など水辺林全体への研究へと広がり、保全や再生など応用研究へと発展していった。そして、この研究で学位を取得し、私の人生が大きく変わっていった。今でも定期的にこの森を訪れて、シオジの研究を続けている。大山沢の渓畔林は私を育ててくれた森である。

サワグルミ

サワグルミはクルミ科サワグルミ属に分類される。世界でサワグルミ属は六樹種あり、中国に四種（そのうち二種はベトナムまで分布）、トルコやジョージアなど西ユーラシアに一種、そして日本にサワグルミが分布している。冷温帯に分布する落葉広葉樹で樹高三〇メートル、胸高直径一メートル近くまで成長し、名前のとおり沢沿いに一斉林を形成する（口絵25）。北海道南部から南は鹿児島県、日本海側の豪雪地帯から太平洋側まで多様な気象環境に広く分布する。春先の葉の展開と同時に、枝先に数個の雄花序と一個の雌花序をぶら下げる。雄花序は花粉散布後すぐに落下し、雌花序についた果実が生長を始め、一〇月頃に種子が成熟し落下する。クルミと言っても、オニグルミのように食べられるような大きさではなく、五ミリメートル程度の小さなクルミが果軸に三〇個ほどぶら下がっている（口絵26・口絵27）。

サワグルミの種子生産にははっきりとした豊凶がみられ、数年に一度、開花結実しない年が訪れる。樹齢一〇年程度の若齢の個体から種子生産を行うが、その種子はまだ成熟しておらず、成熟した種子を生産するにはもう少し時間がかかる。この一〇年という数字は光環境のよい畑に種子を蒔いて調べたものであり、自然環境においては、結実するサイズになるには二〇年はかかると思われる。サワグルミの種子は、年によっては大部分が「しいな」のことがある。「しいな」というのは、外からは成熟したように見えていても、中に種子が形成されていない果実のことである。数年間、サワグルミの果実を苗畑に蒔いて苗木を育てたことがあったが、見かけは普通の果実であったにもかかわらず、まったく発芽しない年があった。果実を割って調べてみると大部分が種子の入っていない「しいな」であった。

サワグルミの発芽は暗い閉鎖林冠下でもみられ、砂礫堆積地でもリター層でも発芽するが、リター層で発芽した当年生実生は発芽後一～二か月のうちに枯死する（口絵28）。砂礫地など下層草本が分布していない明るい場所で生残した個体はその年に本葉を展開するが、その後の成長は光環境に大きく影響を受ける（口絵29）。

林冠ギャップが形成されて光環境が改善されないと樹高成長が停止し、主軸の上部が枯れ、側枝が傘状に広がり、しだいに死亡に至る。サワグルミの稚樹は、林冠ギャップ下に集中分布する傾向があり、林冠下にはほとんど存在しない。太平洋側でシオジと混交している林分では、サワグルミの林冠木はさまざまなサイズのパッチをつくって集中分布し、大きなパッチでは直径五〇メートルになり、そのパッチ内の個体はほぼ同樹齢である。サワグルミが分布するこの地形には山崩れや土石流などの大規模攪乱の痕跡がはっきりと残っていることから、一斉に侵入したことが示される。サワグルミの寿命は一〇〇年程度と比較的短く、幹の地上部に近いところから腐朽が始まり、それが原因で根元から幹折れする個体がよくみられる。サワグルミは、積雪が少ない太平洋側の地域では、一個体あたりの萌芽本数は、最大でも一〇本程度で、萌芽の長さは短く、カツラのように成長を続けて主幹に取って代わって個体を維持するようなことはほとんどない。しかし、新潟や福島の豪雪地帯のサワグルミは、冬季の最大積雪深の違いによってその形態や萌芽性が変化する。

私が新潟大学で博士課程まで指導した中野陽介さんが積雪とサワグルミの関係について取り組んでくれた。積雪が多い高標高地域に分布する個体は樹高や胸高直径などが小さくなり、萌芽幹を持つ個体の割合と個体内の萌芽幹本数が増加した。また、積雪地帯のサワグルミは枝ばりが小さく林冠が発達しない。その結果、一個体あたりの花序数もわずかで種子生産量は少なく、林床に発芽する実生も非常に少ない。積雪地帯では幹が雪圧によって斜面下部に向かって曲がり、そこから萌芽を発生させている。その萌芽はもとの幹ほどの大きなサイズに成長し、連続した複数の幹が形成される（口絵30）。

積雪地帯においては、これらのクローン成長による幹は、カツラのように主幹に替わる個体維持の役割を担っている可能性がある。サワグルミは渓流際に分布域を持つと考えられているが、山腹や尾根にまで分布することもある。佐渡島の大佐渡山地の七〇〇〜八〇〇メートル付近の尾根沿いの森で優占しているのを見た時にはとても驚いた。この周辺では冬季に三メートル以上の積雪があり、六月上旬頃まで林内に積雪が残っている。また、梅雨明けからの夏季には、海上で蒸発した水蒸気が上昇して冷やされ霧が発生することによって高い空中湿度が維持され、スギの針葉によって捕捉された霧が水滴となって林内雨が降るなど、一年を通して多湿な環境にある。佐渡島の山頂付近にサワグルミが優占して分布する理由は年間を通して維持されている多湿な環境が、渓流域と同じような水辺環境を創出しているからかもしれない。コーカサスサワグルミ（口絵31）は、コーカサス地域であるジョージア・アゼルバイジャンやトルコ・イランに分布しているサワグルミ属の樹木である。樹形や葉の形態などは、日本のサワグルミそっくりであるが、積極的に根萌芽を発生させて栄養繁殖を行っている。

トチノキ

北海道南西部から九州まで自然分布する冷温帯の落葉広葉樹であるトチノキは、主に湿地や渓流沿いに分布し、樹高二〇メートル、直径一メートル以上に成長する。これまでは分類体系でトチノキ科とされてきたが、最新の分子系統分類体系によってカエデ科とともにムクロジ科にまとめられた。ヨーロッパ原産で街路樹として植えられているマロニエ（セイヨウトチノキ）（口絵32）やアカバナアメリカトチノキ（口絵33）もこの仲間である。

トチノキの大きな種子（図18）は、江戸時代には飢饉の時の食料として利用され、現在でもトチ餅

図18　トチノキの種子——江戸時代には飢饉の時の食料として利用され、現在でもトチ餅や煎餅の原料として利用されている。

や煎餅の原料として利用されている。また、トチノキの花は、養蜂業の蜜源としても重要で、材は食器や家具に利用されている。

　トチノキは五月頃に、長さ二〇センチメートルを超える大型の円錐花序を形成する。上向きで、たくさんの花の集合体であるこの花序の中には雄花と両性花が混在しているが、上部に雄花が、下部に両性花が分布しており、雄花が八〇パーセント以上を占めている（口絵34）。果実は九月頃に成熟し、一つの果序には数個の果実がみられる（口絵35）。

　種子は大型で直径四センチメートルにもなり、三〇グラムを超えるものもある。この大型の種子は重力によって落ちたあとすぐに齧歯類などの動物によって散布され、母樹から離れたところまで運ばれ、地中に貯蔵される。その距離は、一〇〇メートルに及ぶこともある。トチノキの種子は乾燥に弱いが、動物によって地中に埋められることによって乾燥を免れて、翌春、発芽することができるのである。このような大きな種子から芽生える実生は大きく、高さ三〇センチメートルほどになる。

　トチノキは、しばしばサワグルミと共存しつつ河川に沿った比較的河川攪乱の少ない崖錐地から斜面下部に分布し、段丘部など比較的長期間安定している立地に分布する。倒木や崩壊によって形成されたギャップではまずサワグルミが優占し、安定が続けばトチノキに移り変わっていくが、河川部のような洪水がしばしば発生する場所では、サワグルミが実生更新を繰り返していく。

カツラ

カツラは日本に自然分布する固有種で、ヨーロッパやアメリカでも街路や公園に植えられ、人気のある樹種である。以前、ポーランドを訪れた際に、ポットに植栽された大きなカツラの木を見たことがある（図19）。また、銀座や長野県の善光寺の門前町でも街路樹としてカツラが植栽されている（口絵36）。善光寺はともかく銀座通りのような東京砂漠と呼ばれる地域に水辺の樹木が植栽されていることには違和感を覚えた。

日本ではこのカツラは北海道から鹿児島まで冷温帯に広く分布する落葉広葉樹で、渓流域の林冠層を形成している。樹高三〇メートル、胸高直径は一メートルを超える巨木になる。天然の森林の中では、大径木が多く、稚樹や亜高木が非常に少ないために、カツラがどのような更新動態をとっているのかはこれまで謎であった。ただ、個体数が少ないことから、まれに生じる大規模攪乱が更新サイトになっているのではないかという仮説が提唱されていた。

カツラは、雌雄異株で雄株も雌株も花弁のない花を咲かせる。春の開花が真っ赤で美しく、秋の紅葉は黄色で見応えがある。また、カツラの葉はハート形をしており（図20）、秋の黄葉時期（口絵37）にはあたり一面に焼きたてのパンケーキのような甘い香りを漂わせる。カツラの葉は昔からお香の材

図 19　ポーランド・ポズナンの街で見たカツラの鉢植え——カツラは日本に自然分布する固有種で、ヨーロッパやアメリカでも街路や公園に植えられ、人気のある樹種である。ヨーロッパや北アメリカでは氷河期に絶滅した。

料として利用されてきた。しかし、造園でもよく利用され比較的メジャーな樹種であるにもかかわらず、多くの研究者からはそっぽを向かれていた。樹木の更新を研究するには、数十年、数百年という歳月が必要であるが、一人の研究者がそれを成し遂げることはできない。そこでよくとられる研究手法が、さまざまな樹齢の林分をつなぎ合わせてその樹木の一生を推定しようというものである。ところがカツラは大径木は多いものの幼齢木や稚樹があまり見当たらないので、この手法はとれない。そこで、現地調査に加えて実験的な手法を用いることで、カツラの一生を探ることにした。

調査は埼玉県秩父市の山奥の大山沢

渓畔林で行った。この森林ではすでにシオジの調査などで樹木の分布など基本的なデータが整っている。まずは生活史の最初の段階である開花結実に関する調査である。結実については林内に設置したシードトラップによる量的な調査方法と同時に、双眼鏡による目視で開花・結実量を調べてみた。カツラの開花は他の樹種の葉の展開に先立って行われるので、遠くからでも双眼鏡ではっきりと個体全体の開花状況を把握することができる。種子生産について言えば、一九九五年から二〇二三年までのシードトラップの調査の結果、カツラの種子がまったく生産されない年は現在まで一年もなかった。

図20　カツラの葉——葉はハート形で対生しており、秋の黄葉時期には焼きたてのパンケーキのような甘い香りを漂わせる。

多い少ないはあっても、ある程度の量は毎年結実していた。目視による開花調査結果もこれと同じであった。さらに、種子散布後でも春まで枝上に、バナナのような心皮が落ちないで残っているので、他の樹種の葉がすべて落葉した後に結実量を双眼鏡ではっきりと確認することができる（口絵38）。シオジやサワグルミと比較して非常に小さい種子は一度に大量に生産され、風によって最大で三〇〇メートルほど遠くまで散布される。

次に、散布された種子の発芽については現地調査によって五月に発芽した実生の追跡調査を行い、どのような場所で発芽し、消失、生存していくかを一年間追跡した（口絵39）。同時に、発芽した場所の環境を把握するために苗畑で発芽の土壌環境と光環境を組み合わせた発芽試験を行った。この発芽試験では、畑土、砂礫地、リター（落葉）の三種類の土壌環境をつくり、光環境を五段階に変化させ、合計一五種類の発芽環境の下で発芽率とその後の成長を追跡した。その結果、砂礫地とリターは発芽に阻害的に働き、細かな畑土が最も発芽率がよかった。光環境が一〇〇パーセントのものは土壌が乾燥するためか発芽率が低く、半日陰の数十パーセントのものが最も発芽率が高く生長も速かった。発芽に関する現地での調査結果は、苗畑試験の結果とほぼ一致していた。

次に渓畔林内でのカツラの群落構造を把握するために、渓流に沿った一二〇〇メートルの調査地を設定して、分布調査を行った。カツラの直径と位置図の作成から、カツラの分布はランダムで、林冠のギャップで一斉に更新したような集中したパッチはみられなかった。また、胸高直径が四センチメートル以上の個体の胸高直径の頻度分布では、シオジやサワグルミは稚樹や実生が多く存在するために小さなサイズに分布のピークがみられたが、カツラでは小さなサイズのピークはなく、一五〇センチメートルの大きな個体までほぼ均等な個体の分布を示していた。驚くことに、渓流に沿った一二〇〇メートル、四・七一ヘクタール内の調査地内で九七パーセントの樹木が林冠木か亜高木で、胸高直径が四センチメートル以上の小さな稚樹は二本、それより小さな稚樹もわずか数本であった。ただ、亜高木の分布に特徴がみられ、直径が二〇センチメートル程度の亜高木は、直径五〇メートルほどのサワグルミ林の大きなパッチの端に位置しており、樹齢もサワグルミと同じであった。このことから、カツラは大規模な山腹の崩壊や土石流などが生じた際にサワグルミと同時期に侵入したことがわかる。しかも、定着した場所は直射日光が強く当たるギャップの中心部分ではなく、弱光の当たるギャップの端の部分であった。そして早く成長したサワグルミに被圧されながらも、緩やかな成長を経て亜高木として生存していることが窺われた。

太く成長した大部分のカツラは主幹の周りに多くの萌芽幹を持つことが知られている（図21）。大山沢の調査でも、多いものでは六〇本の萌芽幹を持っており、主幹のサイズが大きいほど萌芽の本数が多かった。これらの萌芽の形態から、中心の太い主幹が枯死した後には、周囲の萌芽幹が主幹に代わって成長している状態がみられた。つまり、株がドーナツ状に外側に拡大していく形態をとっているのである（図22）。太い主幹の樹齢が二〇〇〜三〇〇年はあるので、それが次々と交代していくと樹齢が一〇〇〇年を超える個体も出現してくるであろう。カツラがなぜこのように多くの萌芽を発生させるのか、その原因は不明である。以前、カツラの萌芽が渓流にかける桟橋の材料としてすべて伐

▶**図 21　成長したカツラ**——太く成長したカツラの幹の周りにはたくさんの萌芽が発生する。

◀**図 22　主幹の枯死と萌芽幹の成長**——主幹が枯れると周りの萌芽幹が成長してドーナツ状に広がる。

採された時に全伐根の樹齢を調べてみると、萌芽の発生は、ある時期に集中しており、それも、数回にわたっていた。河川や山腹で攪乱が生じ、その時の物理的な刺激によって発生したか、周囲の樹木が枯死し、光環境が改善された時の刺激によって発生したのかもしれない。

カツラの根元の基質を調べてみると、岩盤の上に張りついているか、大きな礫が堆積した場所が圧倒的に多かった（47ページ図12）。これは、山腹崩壊や土石流によって形成された立地と一致しており、大きな地表変動が発生した際に侵入したことが予想される。といっても、先の発芽試験でわかったように種子が岩の上で発芽するのではなく、割れ目などに溜まった土壌で発芽したと考えられる。

以上のことからカツラの一生を想像してみると、更新する機会は非常に少ない。大規模な土石流や山腹崩壊がそのチャンスであるため、数十年、数百年に一度のことであるかもしれない。その機会を逃さないために、毎年大量の種子を生産して遠方に散布することでチャンスを確実にものにしている。そしていったん発芽して定着したら、その場所を確固たる定着サイトにするために萌芽を発生させ、主幹が枯死しても萌芽が次の主幹になることで長寿命を得ている。そうして次の更新機会を待ちつづけるのである。

コラム　カツラとの出合い（図23）

大山沢の渓畔林の優占種はシオジであったが、その他の林冠木にはサワグルミやカツラが

図23　南アルプス広河原のカツラ林
——多くの樹木が株立（幹の根本から複数の萌芽が出ている）状態。

構成種として含まれていた。カツラは、広葉樹の中でもかなり有名な樹種で、古くからよく利用されている。公園や街路でもよくみられ、材は家具材、碁盤や鎌倉彫などの工芸品の素材として広く利用されている。

一九九七年一一月に横浜国立大学の修士一年の久保満佐子さんが、当時、埼玉県の研究機関に勤めていた私のもとに、カツラの研究を行いたいと訪ねてきた。全国にはカツラを構成種としている調査地がいくつかあったが、研究に適した調査地が見つからないということであった。当時、カツラは研究者にとって扱いやすい研究対象ではなかった。

というのも、カツラは渓流沿いに分布する樹木で、樹齢数百年の大きな株はたくさんみられるが、亜高木や稚樹がほとんどみられないので、更新を研究するためのデータ集めが難しかったのである。

をもたらさない相手には容赦なく制裁を加えるシビアな世界を、気鋭の研究者12名が紹介する。

植生回復への利用をまじえ、日本を代表する菌根研究者7名が多様な菌根の世界を総合的に解説する。

科学と人間社会の本

計測の科学 人類が生み出した福音と災厄

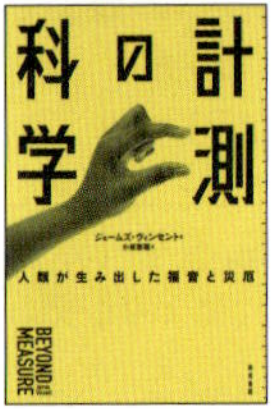

ジェームズ・ヴィンセント［著］
小坂恵理［訳］　3200円＋税

計測が、私たちの世界経験とどのように深くかかわっているかだけでなく、計測の歴史が、人類の知識の探究をどのように包み込み、形作ってきたかを、余すところなく描く。

再現！ 古代ビールの考古学

化学×考古学×現代クラフトビールが醸しだす世界古代ビールを辿る旅
パトリック・E・マクガヴァン［著］
きはらちあき［訳］　3000円＋税

世界の遺跡に残る残渣を手がかりに、考古生化学者とクラフトビール醸造家が再現に挑戦する。醸造レシピ付き。

僕が肉を食べなくなったわけ

動物との付き合い方から見えてくる僕たちの未来
ヘンリー・マンス［著］　三木直子［訳］
2900円＋税

人間とすべての生き物の関係を、アニマルライツ、疫学、生態系保全の視点も踏まえて描く21世紀の非・肉食論。

庭仕事の真髄 老い・病・トラウマ・孤独を癒す庭

スー・スチュアート・スミス［著］
和田佐規子［訳］　3200円＋税

人はなぜ土に触れると癒されるのか。庭仕事は人の心にどのような働きかけをするのか。庭仕事で自分を取り戻した人びとの物語を描いた全英ベストセラー。

ち、7 割は広葉樹である。欧州の森林政策から拡大造林の影響が続く日本との比較まで、全体最適の森に向けた広葉樹林業を紹介する。

で立ち退かされる地域社会の奥深くに暮らす樹盗。陰謀、犯罪、森林の内部に隠された複雑性へのスリリングな旅。

地域森林とフォレスター

市町村から日本の森をつくる

鈴木春彦［著］　2400 円 + 税

フォレスターとして必要な基礎技術や具体的な先進事例など、地元・現場に近い市町村林務独特の体制を作る方策を詳述。20 年の経験に基づいて明快に書きおろした。

樹木の恵みと人間の歴史

石器時代の木道からトトロの森まで

ウィリアム・ブライアント・ローガン［著］

屋代通子［訳］　3200 円 + 税

1 万年にわたり人の暮らしと文化を支えてきた樹木と人間の伝承を世界各地から掘り起こし、現代によみがえらせる。

石と化石の本

深掘り誕生石

宝石大好き地球科学者が語る鉱物の魅力

奥山康子［著］　2400 円 + 税

63 年ぶりに日本の誕生石に新たに 10 種が加わった。美しさと希少性に加え、傷ついて美しさが損なわれない堅牢性を兼ね備えた鉱物である宝石たちを、鉱物の研究に長年携わってきた著者が、科学的な視点で解き明かす。

採集と見分け方がバッチリわかる アンモナイト図鑑

守山容正［著］　2700 円 + 税

アンモナイト王国ニッポンの超レア化石をカラーで紹介！　写真とともに科ごとのアンモナイトの同定ポイントを詳しく説明。これを読めばアンモナイトの見分け方がわかるようになる。

価格は、本体価格に別途消費税がかかります。価格は 2024 年 5 月現在のものです。

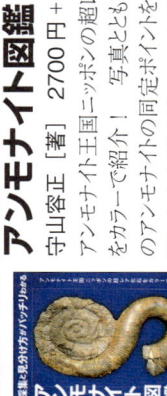

生き物と人間社会の本

先生、シロアリが空に向かってトンネルを作っています!

鳥取環境大学の森の人間動物行動学

小林朋道［著］　1600円＋税

先生！シリーズ第18巻！

子モモンガの協力で「フクロウに対する忌避反応」を証明し、地球を模した「ミニ地球」内でヤマトシロアリを発見。

都市に侵入する獣たち

クマ、シカ、コウモリとつくる
都市生態系

ピーター・アラゴナ［著］
川道美枝子ほか［訳］　2700円＋税

人工的な都市が思いがけず野生動物を引き寄せることになった理由を歴史的に振り返り、共生への道を探る。

脳と心の本

脳を開けても心はなかった

正統派科学者が意識研究に走るわけ

青野由利［著］　2400円＋税

ノーベル賞科学者に代表される正統派科学者が、脳と心の問題にハマるのはなぜか。分子生物学、脳科学、量子論、複雑系、哲学、最先端のAIまで、意識研究の近未来まで展望。

脳科学で解く心の病

うつ病・認知症・依存症から
芸術と創造性まで

E・R・カンデル［著］大岩（須田）ゆり［訳］　須田年生［医学監修］
3200円＋税

ノーベル賞受賞の脳科学の第一人者が心の病と脳の関係を読み解く。

林業と人間

広葉樹の国フランス

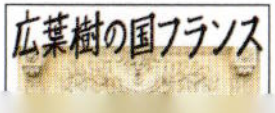

「適地適木」から自然林業へ

樹盗 森は誰のものか

リンジー・ブルゴン［著］　門脇仁［訳］
2700円＋税

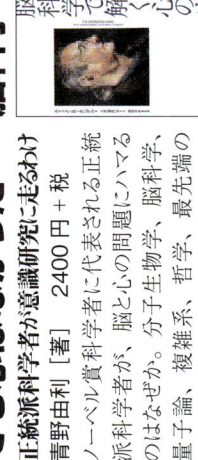

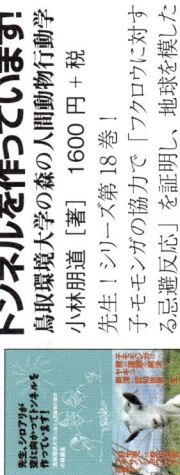

築地書館ニュース

自然科学と環境

TSUKIJI-SHOKAN News Letter

〒104-0045　東京都中央区築地 7-4-4-201　TEL 03-3542-3731　FAX 03-3541-5799

詳しい内容・試し読みは小社ホームページで！ https://www.tsukiji-shokan.co.jp/

◎ご注文は、お近くの書店または直接上記宛先まで

植物と菌類と人間をつなぐ本

ネイティブアメリカンの植物学者が語る 10代からの環境哲学

植物の知性がつなぐ科学と伝承

R・W・キマラーほか［著］

三木直子［訳］　2400円＋税

世界的ベストセラー『植物と叡智の守り人』を若者のために再編、地球と自分のより深い理解へ導く。

枯木ワンダーランド

枯死木がつなぐ虫・菌・動物と森林生態系

深澤遊［著］　2400円＋税

微生物による木材分解のメカニズム、枯木が地球環境の保全に役立つ仕組みまで、身近なのに意外と知らない枯木の自然誌を軽快な語り口で綴る。

もっと菌根《きんこん》の世界　知られざる根圏のパートナーシップ

齋藤雅典［編著］　2700円＋税

80％以上の陸上植物は菌根菌という

菌根の世界　菌と植物のきってもきれない関係

齋藤雅典［編著］　2400円＋税

ラン、マツ、コケ・シダ——多様な菌

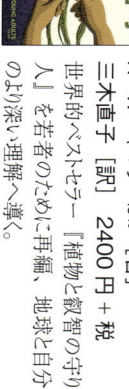

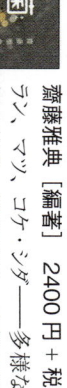

掴みどころのない樹種を相手にして研究成果が見通せなかったのであろう。私も同様の理由で、カツラとは距離を置いていた。久保さんの申し出を受けることに初めは躊躇したが、これを逃したら二度とカツラと向き合うことはないかもしれないと考えて、共同研究を行うことにした。彼女は修士一年でまだまったくデータがない中で、残りの一年間で研究を終えなければならなかった。

そこで、翌年の春までに研究計画はもちろんのこと、仮のデータで仮想論文を書くことを勧めた。そして、カツラとの格闘が始まった。やがて、種子生産、発芽、定着などに関するデータが集積し、カツラの論文が次々と出版された。カツラは私にチャンスを与えてくれたとともに、チャレンジすることの重要性を教えてくれた樹木である。

ケヤマハンノキ

カバノキ科ハンノキ属に分類される落葉広葉樹で北海道から九州まで分布するケヤマハンノキは、渓流際や崩壊地など広い範囲に分布し、攪乱の後に真っ先に侵入する先駆樹種である。初期成長は早いが寿命は短い。ハンノキ属の樹木はさまざまな環境に適応して分布しており、ハンノキは主に低地の湿地を生息地としている高木であるが、ミヤマハンノキは高山帯に分布し、ハイマツやカラマツなどが生える森林限界より上の部分に分布して樹高が二メートルほどの矮性低木林を形成している。

ケヤマハンノキは前年の枝に雄花の花序をぶら下げて冬を越す。雌花は雄花の下の枝先に形成される。先駆樹種というと毎年結実すると考えられるが、富山県の標高一〇〇〇メートルほどに分布するケヤマハンノキははっきりとした豊凶を示している。ただ、樹木の種子生産の豊凶は環境によって大きく変化すると考えられるので、低地ではそれほど豊凶はみられない可能性もある。種子は日当たりのよい河川沿いや山腹崩壊地などの粒子の細かな土壌で発芽し、非常に早い成長を示す。これは、高い光合成能力によると考えられる。一方で、寿命は比較的短く、数十年と言われている。

青森県の有名な観光地である奥入瀬川《おいらせがわ》渓流のケヤマハンノキは、河岸の水際にマント群落（森林の縁部に発達し、森林を過剰な風や光から守る群落）のように分布している。河川の水際は、洪水によって頻繁な攪乱を受けており、他の高木が侵入する余地がない。ハンノキ属の根系にはフランキアというバクテリアが共生しており、根粒の中で空気中の窒素をアンモニアに還元して植物に供給しているため、ケヤマハンノキの葉は窒素含有率が高く、落葉時にも窒素などの養分を枝に回収しないで緑葉のまま葉を落とすので山地の治山事業では肥料木として植林されている。秋になって他の樹木が紅葉する中でも緑色の葉をつけているのでよく目立つ。長野県の上高地の梓川の山地河畔林では、流路が網状に発達していて、ケヤマハンノキ林は三〇年前後の若齢を示し、流路跡や流路沿いに分布していた。また、栃木県日光市の中禅寺湖畔の山地河畔林においては、先駆樹種であるオオバヤナギやオノエヤナギとともに河川際の地盤の低い氾濫原で若齢林を形成している。このように、ケヤマハンノキは水辺林における典型的な先駆樹種ということができる。

オヒョウ

オヒョウはニレ科ニレ属に分類され、北海道から九州まで冷温帯の沢沿いに分布する。林冠層を形成する落葉高木で樹高は二五メートル、直径は一メートルに達する。ニレ属の中でも葉に特徴があり、葉の先端部分に切れ込みがありギザギザしているのですぐにわかる（口絵40）。

結実にははっきりとした豊凶の差がみられる。開花は五月頃で、六月には種子が成熟し落下する。天然林内においては種子散布翌年の春に発芽する。サワグルミの稚樹がギャップに依存して稚樹バンクをつくるのに対し、オヒョウの稚樹は、光環境とはそれほど関係なく、リターが厚く積もっていない砂礫地などにランダムに分布する傾向がみられる。また、耐陰性が高いために比較的暗い林床でも生存できる。オヒョウは稚樹段階では弱光利用型の光合成特性を示すが、いったんギャップが形成されて直射光が入り、光環境が改善されると成長が加速する。

最近、日本各地でニホンジカによる農作物や植林地への被害が広がっているが、天然林や高山地帯までその影響は拡大している。日光周辺ではハルニレに大きな被害が出ているが、埼玉県秩父地方ではオヒョウが大きな影響を受けている。一九九五年以降、ニホンジカによる皮剝がみられるようになり、小さな稚樹や実生では幹の周りの樹皮が剝がされ、多くの個体が枯死している。直径一メートルを超えるような大木でも幹の樹皮が一周剝がされて立ち枯れしている。種子生産を担う個体がなくなってしまえば、近いうちにオヒョウの個体群は地域的には絶滅するかもしれない。

フサザクラ

フサザクラが属するフサザクラ科は、一科一属二種で、日本固有種のフサザクラと、ヒマラヤ東部から中国にかけて分布する樹種の二種から構成される。サクラという名前がついているのでサクラの仲間だと思われがちだが、分類的にはまったく異なっている。春先、開葉前に房状の紅色の花を咲かせることからサクラの名前がつけられたのであろう（口絵41）。

ケヤマハンノキと同様に河川沿いの攪乱が頻繁に生じる場所や崩壊地などに一斉に侵入する先駆樹種で、樹高一五メートル、直径三〇センチメートルになる落葉高木である。フサザクラはヤナギ類などの先駆樹種と同じように、比較的若齢の個体から花を咲かせて種子を生産する（口絵42）。

種子生産にはそれほどの豊凶の差はなく、毎年のように開花結実を行っている。秋に散布された種子は、翌春に発芽するが一部は埋土種子となる。林冠が完全に閉じた森林の土壌を採取して埋土種子の発芽を確認した実験で、フサザクラの実生が発生したことから、何年間か地中で休眠する能力を持っていると考えられる。普通、フサザクラの実生は新たな崩壊地や河川の砂礫堆積地でみられるので、落葉層がなく、直射日光の当たる明るい環境が発芽サイトなのだと思われる。発芽当初は一本の幹であるが、多くの休眠芽があり、地際や幹の下部から多数の萌芽幹を発生させて、個体維持を図っている。その結果、個体の形は複数の幹を持って株立した状態になっている（口絵43）。主幹が枯れたり倒れたりした後でも、周りの萌芽幹が成長して個体を維持しつづけている。フサザクラは表層崩壊地や河川の砂礫地など頻繁に土壌が移動する不安定な立地に分布して、根返りを生じては萌芽を発生させて個体を維持していくことによって、他の樹種が生存できない場所をうまく利用しているのだろう。

ケヤキ

ケヤキはニレ科ケヤキ属で、日本では街路樹として多く植栽されている落葉広葉樹である。樹高二五～四〇メートル、直径一・五メートルになる落葉高木で、本州から四国、九州の冷温帯に分布する。良質材であるために古くから家具・食器・建築材として広く利用されてきた。そのため、広葉樹の中では比較的造林技術が進んだ樹種であり、各地にケヤキ人工林が造成されている。関東地方では屋敷林としても多く植栽されてきた。

ケヤキの生育適地は山地帯下部の渓流沿いであるが、材価が高価で利用価値が高いために伐採が進み、その多くはスギの植林に置き換えられた。ケヤキは春先に、葉の展開と同時に枝に小さな雄花と雌花をつける（口絵44）。雌花は、枝上部の葉の腋に咲き、果実は秋には成熟し、種子を散布する。ケヤキの開花結実にははっきりとした二～三年の周期がみられる。種子には翼がなく、果実が枝から離れて落下する場合と、葉のついた結果枝として風で散布される場合がある。種子の散布範囲はそれほど遠距離ではなく、ケヤキ群落の遺伝的解析の結果によって、遺伝的に近縁な個体は母樹から四〇メートル以内に存在することから、風散布と言ってもそれほど遠くまで飛ぶわけではない。結果枝の葉は、普通の葉と比べるとサイズは格段に小さい（図24）。種子が大量に結実した年には、夏頃から短

図 24　ケヤキの結果枝(右)——結果枝(右)の葉は普通の葉(左)より小さい。さらに、種子が大量に結実した年の葉は、凶作の年と比べると小さい。養分を果実に投資するために、トレードオフの関係で葉が小さくなっているのだろう。

枝の葉が褐変し、木が枯れたように思われることもある。このような年の葉は、凶作の年と比べると小さい。これは、豊作の年には養分を果実に投資するために、トレードオフの関係で葉が小さくなっているためだと考えられる。

実生は四〜五月に発生するが(口絵45)、暗い林床の落葉層の厚い立地では、五月初旬に大部分が消失する。これは、林床下の光不足によって枯れてしまうためである。

ケヤキの天然分布の立地は、河川や渓流の中心部というより、それらに面した山腹斜面であることが多い。特に、小規模な山腹崩壊地などにまとまった個体数がみられる。秩父の大山沢の渓畔林では、渓流に面した斜面である程度まとまったケヤキの林分を見ることができる。

渓谷の美として知られている熊本県の菊池渓谷には、渓流に沿ってケヤキの大径木が多く分布している（口絵46）。ケヤキ属の樹種は世界に六種あり、中国に二種、地中海周辺ではクレタ島、シチリア島、コーカサス地方、それに日本のケヤキである。日本のケヤキには、根萌芽特性を持つ個体はまれであるが、ジョージアなどコーカサス地方に分布するコーカサスケヤキは、根萌芽を発生させて分布を拡大させている。イタリアのシチリア島に分布する *Zelkova sicula* は、大部分が一つの個体から根萌芽によって広がった（同じ遺伝子を持った）クローン株と考えられている（口絵47）。

スギ

スギは、日本と中国の一部に分布する高木性の樹木で、昔から最も利用され日本文化を支えてきた樹木である。大きなものでは樹高六〇メートル、直径五メートル以上に成長する。天然林は北は青森、南は九州の屋久島まで分布しているが、それぞれの分布は限られている。また、尾根に分布している場合も、年間降水量が非常に多い屋久島や夏でも頻繁に霧が発生し尾根が湿地環境にある佐渡島などに限られている。沢沿いから尾根まで広く分布しているが、沢沿いのものが成長が早い。スギの雄花は前年の枝に形成され、花粉は二月から三月にかけて飛散する（口絵48）。

スギ花粉と聞いただけでくしゃみをもよおす人もいると思うが、スギは花粉症の原因で、日本人のかなりの人がスギアレルギーにかかっている。飛散した花粉は風によって雌花に到達し、受精して秋には種子が形成され、風によって散布される。散布されたスギの種子が発芽する場所はある程度限られており、落葉や落枝が厚く堆積した場所ではほとんど発芽しない。厚く積もった落葉の中では発芽したとしても菌類の影響で枯れてしまうと考えられる。発芽するとまず三枚の子葉が開き、その後に針葉の本葉を出す（口絵49）。

この種子から芽生えた実生がみられるのは、地表の土壌が攪乱された場所、つまり、新たに山腹が崩壊して、無機質の土壌が剝き出しになっている場所や、大木が根返りを起こして、土壌が剝き出しになっている立地である（口絵50）。

また、人工的に土壌環境が改変された場所でも発芽がみられ、新しく林道がつくられた道際や法面《のりめん》などには、スギの実生がびっしりと生えていることも多い。スギが発芽して実生となり生育できるのは、このような地表の土壌攪乱が生じた場所だけではなく、森林の中でも、種子の発芽や実生の定着が生じる場所がある。それは、樹木の地際で根が張っている部分や倒木、人の手によって伐採された切り株や放置された伐採木の上である（口絵51）。

これらの場所には落葉や落枝が堆積せず、地表より高い位置にあるので、草本や低木の日陰にならず、光環境にも比較的恵まれている。ただ、倒木や伐採直後に、これらの上で発芽して定着することは困難である。なぜなら、倒木の幹や切り株の表面は比較的滑らかなために散布された種子がすべり落ち、風が吹けばすぐに地表に落ちてしまうからである。

では、どのようなメカニズムでスギの種子が倒木や切り株の上で発芽し育っていくのかというと、それに大きな役割を果たしているのはコケ類である。木が倒れたり伐採されて十数年から数十年経ち、木の表面が腐りはじめコケが生えてくると、そこは種子が挟まって発芽するのに最適な場所になる。

このような時期には、木部が腐ることによって、水分もそこに維持されており、実生が水分を吸収することができるようになる。しかし、比較的低い標高で、春から秋の植物の生育期間に乾燥する時期が続くような環境では、コケが生えて発芽したとしても、これらの実生は乾燥によって枯死してしまうことが多い。屋久島のように、年間の降水量が多く降雨日数も非常に多い場所では、コケによって覆い尽くされた倒木や切り株上が常に湿っており乾燥するようなことはそれほどない。倒木の上で実生が育つこのような更新（新たな子孫によって世代交代を行っていくこと）を、倒木更新と呼んでいる。

倒木更新は、北海道の亜寒帯に分布するエゾマツ、本州では亜高山帯のトウヒなどで普通に観察することができるが、これらの地域は、年間を通して比較的気温が低く、乾燥の影響を受けることがあまりなく、夏でも頻繁に霧が発生するために湿潤な環境に置かれている。これらの倒木更新でも、倒木上に繁茂してくるコケが実生の生存に重要な役割を担っていることが知られている。

一方、種子による有性繁殖に対して植物の無性繁殖（栄養繁殖）には、枝・茎・根・葉などから発根して、自分の分身をつくり出す植物もみられる。スギは日本の植林では最も古くから利用されている樹種の一つで、苗木の生産には、苗畑に種子を蒔いて苗をつくって、山に植林するのが一般的であるが、宮崎県の日南《にちなん》（飫肥《おび》）地方では、江戸時代から飫肥スギと称した直挿し造林がさかんに行われていた。ここでは、伐採した木の枝を、切り株の近くに挿して次世代のスギを育ててきた。また、千葉県で生まれた優良な性質を多く持つ挿し木スギであるサンブスギは、二五〇年以上前から山武林業地において使用されてきた。このように、スギの枝は発根しやすいために、造林で利用されてきたが、自然の森林の更新の中でもこのような栄養繁殖が行われているのであろうか。

じつは、日本海側の積雪地帯では、伏条更新と呼ばれる栄養繁殖が頻繁に行われている。数メートルの積雪環境にある地域では、雪圧によって植林したスギの苗木が曲がり、不成績造林地（造林当初の目的を達成できていない造林地）が広がっている場所もみられる。このような環境に天然分布しているスギでは、伏条更新が普通にみられる。種子から発芽した実生は、冬の雪圧によって真っ直ぐに成長することができず、枝を四方八方に伸ばし、枝が細い間は地面を這うように枝を伸ばしつづけて、ある程度、雪圧に耐えられるようになると幹が立ち上がる。多くの枝がほぼ同じ時期に立ち上がってくるので、幹の大きさが似通っている。もとの幹と枝の間が落葉などで埋まって見えなくなってくると、一見して別の個体が分布しているように見える。また、成長した樹木の下枝が積雪によってマンモスの牙のように押し下げられて地面に接すると（口絵52）、そこから発根して新たな幹になることもあり、極端な場合は、樹上で折れた枝が地面に落ちて、発根していることもある。

スギは日本の樹木でも最も長寿命であり、屋久島の屋久杉が有名である（口絵53）。屋久島では樹齢一〇〇〇年以上のスギを屋久杉、それ以下を小杉、植林されたスギを地杉と呼んでいる。屋久島に天然分布するスギは、本州や四国のスギとは遺伝的に異なっていることが明らかになってきた。縄文杉が有名であるが、最近の調査によってそれに匹敵するような大きさのスギが見つかっている。屋久杉の材は多くの油脂成分を含んでおり、腐朽しにくいために江戸時代の切り株（ウィルソン株）や倒木が現在も残っている。

コラム　スギとの出合い（図25）

スギの人工林はどこでもみられるが、天然林というとそうはいかない。私が最初にスギの天然林と出合ったのは、一九八六年に屋久島を訪れた時であった。この時は、妻と二人で九州最高峰の宮之浦岳や永田岳を経て鹿之沢小屋に一泊し、縄文杉やウィルソン株を訪れた。次々と現れる屋久杉の巨大さには心底驚いた。その後、スギの天然林を見る機会はなかったが、二〇〇八年に新潟大学の佐渡演習林に転職して、江戸時代に御林《おはやし》（江戸幕府の管理下にあった林）であったスギの天然林に出合う。

ここのスギは屋久島のスギとはまったく異なっていた。樹高や直径は小さいものの、形がなんとも言い難い。枝がマンモスの牙のように湾曲していたり幹そのものが曲がって他のスギと融合していたり、一本一本の木の形がまるで違っていた。また、繁殖様式も屋久杉とは異なっており、種子繁殖は少なく、栄養繁殖を行っていることが明らかになった。私の研究室の長島崇史さんは、佐渡島のスギの天然林の遺伝子構造を解析して、多くの幹が同じ個体

図25　屋久島の巨大杉——屋久島のスギはとにかく巨大であった。佐渡島のスギはそれほど巨大ではないものの、迫力のある不思議な形をしていた。

から発生したクローンであることを明らかにしてくれた。今まで独立個体のものだと思っていた幹は、じつは別の木の枝が雪の重みで曲がって地面につき、そこから発根して別の幹として立ち上がったものであった。

この佐渡島の天然杉を一躍有名にしたのが、写真家の天野尚《たかし》さんである。二〇〇八年の洞爺湖サミットの晩餐会で巨大なパネルが展示された。今では、この不思議なスギを一目見たいと、エコツアーに参加して多くの観光客が佐渡島を訪れている。

ヤクシマサルスベリ

ヤクシマサルスベリは屋久島・種子島・奄美大島に分布する日本固有種である。落葉高木で樹高は一〇メートルになり、幹は名前のとおり茶色ですべすべしている。葉は対生で、梅雨時に長さ一〇センチメートルほどの円錐花序をつけ多数の白い花を咲かせる（口絵54）。環境省が二〇一二年に公開したレッドリストでは、準絶滅危惧種に指定されている。安房《あんぼう》からヤク

図26　沢沿いに群落を形成するヤクシマサルスベリ——ヒメシャラとよく似たつるつるした樹皮をしているが、沢沿いに分布する。ヒメシャラは少し標高の高い山中に屋久杉と混ざってみられる。

スギランドに向かう途中の沢沿いには、比較的若い個体がまとまって分布しているのを見かける（図26）。屋久島の低地渓畔林においては先駆性落葉樹のアカメガシワや湿潤な立地を好むモクタチバナなどと共存している。このことは、ヤクシマサルスベリが分布する渓畔域が河川攪乱の影響を受けやすいことを示している。

また、胸高直径が六〇センチメートルを超える大木が同サイズのイスノキなどと隣接して分布することなどから、この種が渓畔特有の低頻度の大規模攪乱によって更新している可能性を示している。屋久島の山岳地では年間降水量が一万ミリメートルに達し、しばしば土石流などの大規模攪乱が発生しているので、このような際に更新していると考えられる。ヤクシマサルスベリは萌芽によって複数幹を形成しているが、これは低頻度の大規模攪乱に対応し個体寿命を延ばすための生存戦略の一つと考えられる。

2　山地河畔林

ハルニレ

ハルニレは山地河畔林の構成樹種で、土砂がV字谷に堆積してできた氾濫原に分布する。北日本・北海道の扇状地に多いが、九州まで分布する。五月上旬から種子の散布が始まり、河畔や明るい林分のリターのない砂礫地ではその年の六月上旬に発芽するのに対し、暗い林内では翌年四月から五月にかけて林床がまだ明るい時に一斉に発芽する。実生の生存率は、河畔や明るい林分では散布当年に発芽したもののほうが翌春発芽したものより高く、林内では翌春発芽したもののほうが散布当年に発芽したものより高い。

ハルニレの種子はサイズが小さいために（口絵17）、発芽してもリターを突き破ることができなかったり、乾燥するリター上では発芽が阻害されたりする。そのため、ハルニレはしばしば地表が攪乱される場所で発芽する。リター層の移動・土砂の流失や堆積・倒木に伴う林床破壊によってしばしば地表が攪乱されている、傾斜が三〇度の急な斜面がハルニレ林が更新する場所と考えられている。そのため、攪乱の頻度の低い傾斜の緩やかな安定した立地では、ハルニレは亜高木層や低木層を欠く傾向があり、高木層にのみ分布する傾向がある。

栃木県日光市の中禅寺湖畔の山地河畔林におけるハルニレは、若い個体は流路に沿った地盤の低い段丘に、高樹齢の個体は地盤の高い段丘に分布している。また、北海道の藻岩山の落葉広葉樹林においてはハルニレ林が大規模な山腹崩壊跡に成立している。長野県浅間山《あさまやま》の落葉広葉樹林においては、ハルニレが崩壊地の堆積面に分布している。これらのように、ハルニレの更新は、林冠層が破壊されるような大規模な斜面崩壊、地すべり、洪水、火山灰や軽石の降下など、数十年、数百年に一度訪れるような再来期間の長い大規模攪乱によって引き起こされることが指摘されている。

一方、ハルニレは遷移後期樹種と位置づけられることもある。上高地の梓川の山地河畔林は構成樹種と林齢から七つの群落型に分類され、ハルニレ―ウラジロモミ林は氾濫原の中央部と斜面沿いに分布している。この山地河畔林で最も成熟した群落であるハルニレ―ウラジロモミ林は、先駆樹種であるヤナギ類に遅れて侵入し、大きな攪乱が起きずに先駆樹種が枯死すると、ギャップの形成による光環境の改善によって成長が促進され林冠木へと成長する。この場合も、初期のヤナギ類の定着には河川の氾濫による流路変動を伴った大規模攪乱が引き金となっている。ヤナギ類の侵入後、林冠木を破壊しない程度の増水によるリター層の剝ぎ取りが生じ、ハルニレが発芽定着したと思われる。

ケショウヤナギ

ケショウヤナギは、東アジア東部の寒冷地固有の樹木で、日本では北海道北見・十勝地方と長野県梓川上中流域に隔離分布する。幹は一本立ちし、樹高二〇〜三〇メートル、直径一メートルになる落葉高木で、長野県上高地においてはさまざまな発達段階において林分の優占種となっている。他のヤナギ同様、雌雄異株であるが、双方の花には昆虫を呼びよせる蜜を分泌する腺体がなく、花粉は風によって散布される風媒花である。

ケショウヤナギは発芽後、直根（下に伸びる根）を速やかに深く伸ばすことができる特性を持っているために、他のヤナギ類と比較して、新たに出現した砂礫地に高い確率で定着することができる。また、オオバヤナギやドロノキのように高木に成長し、成熟林の中でも一〇〇年を超える長期間、大量の種子を生産しつづけることができる。

ケショウヤナギは山地河畔林において網状流路の変動による河畔林の部分的破壊によって生じた立

図 27　進む河川の人工化——上高地の梓川では、河岸の蛇籠の設置によってこれまで洪水の際に発生してきた流路変更が生じにくくなり、網状流路がより固定されたことでケショウヤナギの更新にも影響が出ている。

地にさまざまな生育段階の林分を形成しており、上高地の個体群はこれらの撹乱体制が維持されることによって維持されてきたと考えられる。そもそもケショウヤナギが北海道と長野県に隔離分布しているのは、この種が個体群を維持するためには、撹乱がしばしば生じる河川幅の広い網状流路を持った立地が必要であり、このような地形が日本列島の形成において、本州では非常に限られた場所にしか存在しなかったことに起因すると思われる。それに対して、河川勾配が緩やかで広い氾濫原を持つシベリア地方ではケショウヤナギは優占種として流域に広がっている。

しかし近年、上高地周辺では蛇籠《じゃかご》

（太い針金で編んだ網の中に、玉石を詰めて設置する河川工法の一種）を使用した堤防や床固《とこ》工が設置され、河川の人工化が進んでいる（図27）。

これらの工事によって、これまで洪水の際に発生してきた流路変更が生じにくくなり、網状流路がより固定されたものとなりつつある。そのためケショウヤナギの発芽サイトである砂礫地の出現頻度が低くなり、河畔林の構成種はハルニレやヤチダモ、ウラジロモミなどの遷移後期樹種へと遷移していき、先駆樹種であるケショウヤナギの更新に支障をきたすことが予想されている。

現在、ケショウヤナギはレッドデータブックには記載されていないが、本州での分布は上高地とその下流域に限られているので、地域個体群が絶滅の危機にあることは間違いない。絶滅危惧植物を保全しその個体群を維持していくためには、今分布している個体のみの保全ではなく、その種が更新できるような河川攪乱を含めた環境の動態を保全していくことが必要である。

ユビソヤナギ

ユビソヤナギは、群馬県の水上町の湯檜曽《ゆびそ》川沿いで一九七二年に発見された日本固有種である。その後、東北地方で次々と分布が見つかり、福島県只見町の伊南川流域での発見後、「只見の自然に学ぶ会」による全数調査が只見川水系全域で行われ、日本で最も大きな個体群として確認された。

雌雄異株で、二本の花糸が合着して一本に見えるのが特徴である（口絵55）。また、樹皮の下の形成層が黄色であることで、他のヤナギ類と区別することができる（口絵56）。他のヤナギ類に先立っ

図 28　ユビソヤナギの雌花——ユビソヤナギの開花は他のヤナギ類よりも早いので他のヤナギ類と区別しやすい。樹高は 20m 近くに達するが、2 〜 3m の若い個体から開花し、種子を散布する。

て、残雪のある四月上旬から中旬にかけて開花する。雄株の樹冠下の雪上には開花し終えた雄花がたくさん落下している。雌株の果実は五月には成熟して散布される（図28）。

数年間の調査であるが、年による開花の豊凶の差はほとんどなく、毎年開花結実を行っている。多くのヤナギ類は、枝や幹などによって栄養繁殖を行う能力を持っているが、ユビソヤナギの栄養繁殖能力は低く、繁殖はもっぱら種子によって行われている。

コラム　ユビソヤナギとの出合い

ユビソヤナギとの出合いは、二〇〇四年に渓畔林研究会で福島県只見町を訪れた時であった。その時、現地を案内してくださったのが、「只見の自然に学ぶ会」の新国勇さんであった。

その後、只見を訪れることはなかったが、私が新潟大学に移って二年経った二〇一〇年に農学部四年生の新国可奈子さんが自分の出身地である只見町で研究したいと申し出たことから、再び只見を訪れることになる。只見に調査に行くことになり宿泊先を探していると、新国さんが自分の家は民宿なのでそこに泊まってほしいと言ってくれた。そこで以前研究会でお会いした新国勇さんが彼女の父上であることがわかった時は、さすがに驚いた。

この時の予備調査ではミヤマナラの生態を研究するべく調査地を設定したが、翌年七月の新潟・福島豪雨の際に生じた土砂崩れによって調査地がなくなってしまった。そこで急遽、研究テーマを伊南川のヤナギ類の河畔林に切り替えた。この伊南川は日本最大のユビソヤナギの生息地であることが明らかになっている（図29）。

この時の豪雨での河川攪乱は予想以上のものであり、道路や鉄道が寸断され、秋まで只見に入ることができなかった。洪水で破壊された河畔林に調査地を設定して、ヤナギ類を優占種とする河畔林の更新について研究を始めた。調査は三年で終わったが、モニタリング調査は今も継続している。その後、只見町はユネスコエコパークに登録され、その事業の中で自

図 29　只見町のユビソヤナギの花――残雪の残る4月中旬。

然に関する調査研究が行われている。

現在、私は只見ユネスコエコパークの支援委員として、研究面から只見町のサポートを行っている。その中で、浅草岳山麓にあって巨大な地すべり地帯となっている沼ノ平の総合学術調査を実施して、その生物多様性などを明らかにしてきた。これが契機となって、最近では、只見町で自然を生かしたツアーを企画し、ブナの天然林のトレッキング、巨木巡り、アケビの蔓のカゴ編み体験、冬は雪上のカンジキ歩き、雪の下の植物観察など、普通の観光旅行では味わえない体験をしてもらっているので、機会があればぜひ訪れていただきたい。

3　河畔林

エノキ・ムクノキ

エノキとムクノキは本州から沖縄まで分布する樹高二〇メートルほどの落葉広葉樹である。エノキは国蝶オオムラサキの食草木としても知られる。植物社会学的にはムクノキ―エノキ群集としてまとめられ、自然環境では河川沿いの日当たりのよい沖積低地に分布している。この両種は、これまでケヤキ属やニレ属などと同じくニレ科に分類されていたが、最新の分子系統分類体系によってアサ科のアサ属やカラハナソウ属との類縁が明らかになりアサ科に編入された。

ともに雌雄同株でムクノキは雄花と雌花が、エノキは雄花と両性花が新枝につく。果実はともに核果で果肉は甘く、鳥類によって食べられ、種子は糞とともに散布される。果肉が取り除かれた種子は、保存条件の違いに関わらず発芽する。一方で、エノキは湿潤状態では保存期間が長くなるにつれて発芽率は上昇したが、乾燥してしまうとまったく発芽することができなかった。二種の実生の生存率を自然の河原に近い条件の実験で比較すると、直射光が当たり雨水だけの条件ではエノキのほうがムクノキより高い生存率を示した。埼玉県の荒川の中流域の河畔林では、ケヤキとともにムクノキやエノキも分布していたが、ケヤキとムクノキは流路から離れた森林化が進んだ林分に分布しているのに対して、エノキは河川撹乱の頻度が高い流路に近い場所に分布していた（口絵57）。このことは、実生の実験で示された結果と一致している。この林分の形成は戦後のダム建設に伴うものであった。戦後の空中写真を見ると洪水によってしばしば流路が変動しており、高木によって形成されている林分はほとんどみられない。たぶん、低木のヤナギ類がたびたび更新を繰り返していたのであろう。現在はダム建設によって水量が調節され、洪水による撹乱頻度は著しく低下した。それによって、高位堆積地の安定が続き、逆に流路の深掘りが進んだ。高位堆積地に定着した樹木は森林化して、戦後と比べると堤外の森林面積は増加している。加えて、ハリエンジュなどの外来樹種も著しく増加している。

ヤナギ類

ヤナギ類は古くから日本で利用されており、奈良時代に朝鮮半島からもたらされたコリヤナギは行《こう》李《り》をつくるために水田で栽培された（図30）。中国原産のシダレヤナギは河川の河口や堤防沿いなどに植栽され（16ページ図２）、江戸時代の浮世絵にも描かれている。また、ヤナギ類は江戸時代には水害防止のために河川沿いに植栽された。ヤナギ類の樹木には、ケショウヤナギ、オノエヤナギ、シロヤナギなどのように高木性の樹種と、ネコヤナギ、タチヤナギ、イヌコリヤナギなどの低木性で叢生の樹種がある。ヤナギ類は一般には水辺域に多いが、高山性のミヤマヤナギなどの樹種もみられる。

一般にはヤナギ科ヤナギ属の樹木をヤナギと呼ぶ。これまでヤナギ属、ケショウヤナギ属、オオバヤナギ属、ドロノキ属がヤナギ科に含まれていたが、分子系統分類体系によってケショウヤナギ属とオオバヤナギ属はなくなりヤナギ属に含まれるようになった。ヤナギ属は雌雄異株の落葉広葉樹で、

図 30　コリヤナギで作られたカバン——兵庫県豊岡市で製造されている。ヤナギ類は古くから日本で利用されており、奈良時代に朝鮮半島からもたらされたコリヤナギは行李をつくるために水田で栽培された。

河川の上流から下流まで日当たりのよい河川敷などに分布する先駆樹種である。普通、春先の葉の展開前または葉の展開と同時に開花して、短期間に種子は成熟し、柳絮と呼ばれる毛を持った種子を風で散布している。ユビソヤナギが一足早く四月上旬に開花し、その後も五月頃まで多くのヤナギの開花がみられる。花粉はハエやアブなど小型の昆虫によって送粉されるとともに（口絵14）、風によっても運ばれる。種子散布は五月から六月頃にみられるが、オオバヤナギは八〜九月と遅いのが特徴である。散布距離は遠く、河川の水面に落ちた種子は水流によって下流に散布される。種子の寿命は比較的短く、長くても一か月程度である。

ヤナギ属の分布は、河川の流程に沿って上流から下流まで樹種の変化がみられる。たとえば北海道では、最上流部にオオバヤナギやケショウヤナギ、その下流にはシロヤナギやエゾヤナギが増え、オノエヤナギやエゾノカワヤナギ、そして河口近くではタチヤナギに変化している。東北の北上川では、上流域にシロヤナギやオオバヤナギ、中流ではオノエヤナギやイヌコリヤナギ、下流ではタチヤナギやカワヤナギへと変化している。とはいえ、このように一つの河川の流域に異なる分布域を持っている一方で、同所的に共存している場合もある。その場合は土壌の粒径組成によって棲み分けている。北海道の空知川では、エゾヤナギは大きな粒径の土壌に、タチヤナギは小さな粒径の土壌に分布していた。また、北日本の多雪地帯では、ヤナギ類の種子散布時期が融雪洪水の水位低下時期に重なるために、散布時期の異なるヤナギ類の実生が水際から数列に並んで発芽分布していることもある。

ヤナギ類の繁殖は、主として種子による有性繁殖であるが、枝から発生する不定根による栄養繁殖も知られている。挿し木によって増やされることは園芸で行われており、砂防の緑化工事などで挿し木として使われている。しかし、すべてのヤナギ類が栄養繁殖能力を持つわけではなく、ケショウヤナギ、オオバヤナギ、ユビソヤナギは挿し木に向かない。一方で、オノエヤナギ、シロヤナギ、イヌコリヤナギ、タチヤナギ、ネコヤナギなどは高い発根率を示し、上流から流されてきた枝から発根して新たに枝が伸びていることがある（51ページ図14）。これらのヤナギ類は、切り枝を水につけておくだけで非常によく発根し（51ページ図13）、洪水の後などに土砂に埋まった枝や幹からたくさんの萌芽が発生しているのを見かける。有性繁殖を基本としつつ、個体を維持する上では栄養繁殖が大きな役割を果たしていると考えられる。

初期成長が一年に一メートルを超えるほど速い樹種もあるが、ある程度まで成長するとその速度は減少する。また、寿命は比較的短く、数十年~一〇〇年ぐらいと考えられている。

4　湿地林

ハンノキ

ハンノキは日本の冷温帯の湿地林を構成する落葉広葉樹で、北海道から沖縄まで日本全国に分布している（口絵58）。また分布域は広く、南千島から、朝鮮半島、中国東北部、台湾までみられる。ハンノキ属は、高山帯に分布するミヤマハンノキ、河川の流路際や山腹崩壊地に優占するケヤマハンノキ、そして湿地を生息地にするハンノキと、さまざまな環境に分布している。低地から山地まで幅広い標高に分布し、昔は後背湿地で普通にみられたが、河川開発とその周辺の高度な土地利用によって、自然林の分布は東北地方以南では極めて少なくなった。北海道釧路湿原には、典型的なハンノキの湿地林が広く分布している（口絵59）。ハンノキは主に泥炭土、グライ土、沖積土など過湿で嫌気的な土壌に分布するが、好気的な森林褐色土にも分布している。ハンノキの分布は、地下水位と深く関係しており、河川氾濫や融雪洪水などによって定期的に冠水・滞水する地下水位の高い立地が多い。

ハンノキには、フサザクラやカツラのように根際から萌芽を発生している個体がみられる。この萌芽の発生には、地下水位が大きく影響している。釧路湿原において岸から湿原に向かってハンノキの樹高や萌芽数を計測した結果、湿原の中心に向かうにしたがって土壌が酸欠となり樹高が低くなったが、個体が枯死することなく萌芽の発生を繰り返して個体の維持を図っていた。

ハンノキをはじめとする湿地性樹木の多くは、幹や根系のさまざまな形態的・組織構造的な適応によって、土壌の酸素欠乏の影響を緩和している。このような変化には、肥大皮目《ひもく》の発達、樹皮の肥厚や通気組織の発達、地際部の過剰肥大、不定根の形成、膝根《しっこん》や萌芽の発生などがみられる。これらの変化は、多くの湿地林の樹木にみられる形態変化であるが、膝根の発生はヌマスギやスイショウなどにみられる特異的な現象である。公園や植物園の池の付近に植栽されるヌマスギは、地際が水に浸かっているような場所では多くの膝根を発生させるが、乾燥したところに植栽されている場合にはあまり膝根を生やさない。萌芽の発生はハンノキやヤチダモなどでみられ、実験的にハンノキの苗木を土壌表面まで滞水させると、地際部が肥大し萌芽の発生がみられた。ヤチダモでも同様に萌芽が発生した。これらの形態的な変化は、滞水環境において還元的な根系に酸素を送り込むシステムとして重要な役割を果たしていると考えられる。

ヤチダモ

ヤチダモはモクセイ科トネリコ属に属し、北海道や東北地方、本州の岐阜県以北の日本海側の積雪地帯に分布する落葉高木で、樹高三〇メートル、直径二メートルに達する。日本以外では中国北部から朝鮮半島、シベリアまで広く分布している。林業的にはタモと呼ばれ、家具材や器具材などに利用される。明治時代後期から戦前までは植林されていたが、その後はほとんど植林されていない。自然環境では渓流沿い、湿地や湿潤地に分布する（口絵60）。雌雄異株で種子の結実にはっきりとした周期がみられる。風媒花、風散布種子で、果実は落葉後の冬の間に散布される。種子は著しい発芽遅延を示し、休眠性があり、翌年は発芽せず、翌々年に発芽することが多い。ハンノキと同様に、水分の過剰な湿地によく適応し、冠水によって幹が肥大したりする。これは根に酸素を供給するための適応と考えられている。また、萌芽や不定根によって形態的・生理的に湿地環境に適応し、ハンノキと同様に湿地林を形成する。

ヤチダモは湿地林においてハンノキと競合している。泥炭地や湿地に植林されたヤチダモの生育は非常に悪いが、ハンノキの成長はあまり低下することはない。釧路湿原の湿地林で山腹から湿地に向かって両種の分布を調べたところ、湿地の中央に向かっていくほどハンノキの密度が高くなっている。これは、ハンノキがヤチダモと比べてより低い酸化還元電位の土壌で生育が可能であるためである。

ヌマスギ

アメリカ・ミシシッピ川河口のニューオーリンズ周辺には、ヌマスギやヌマミズキを林冠木の優占種とする広大な湿地林が広がっている（口絵61）。湿地林にはヤナギ類やアメリカトネリコ、アメリカタニワタリノキ、ミキナシサバルも混交している。ヌマスギは落葉性の針葉樹で、葉や樹の形が生

図31　ミシシッピ川河口の湿地林――水面からヌマスギの膝根が突き出ている。膝根で呼吸することで、常に滞水している環境で長期間生存することができる。

きた化石と言われる中国原産のメタセコイアによく似ている。以前はスギ科に分類されていたが、現在ではスギなどとともにヒノキ科に分類されている。膝根と呼ばれる根を地中から突き出して呼吸することで、常に滞水している環境で長期間生存することができる（図31）。ヌマスギの稚樹をまる二年間、完全に沈水状態にしておいても、芽を出すほど滞水環境に適応している。

ヌマスギは、木材生産のために一八九〇年から一九二五年にかけて大量に伐採されてきた。また、伐採された木材の搬出のための水路開発によって、ミシシッピ川河口周辺の湿地環境は大きく変化し、ヌマスギ湿地林も著しく減少した。

図 32　ミシシッピ川河口付近のヌマスギの湿地林——ぬかるみに足をとられる。

コラム　ヌマスギとの出合い

二〇〇五年に巨大ハリケーン「カトリーナ」がミシシッピ川の河口のニューオーリンズを襲い、甚大な被害をもたらした。この時、河口周辺の湿地に分布していたヌマスギを中心とした湿地林も風害と塩害によって壊滅的な被害を受けた。ヌマスギ湿地林の被害状況や、その後の更新状況を明らかにするプロジェクトが『水辺林の生態学』の共編著をお願いした鳥取大学（当時）の山本福壽教授を中心に二〇〇九年度から三年間開始され、私はそのプロジェクトの共同研究者として参加した。これまで、国際学会や視察などでたびたび海外に出向いていたが、研究調査では初めてであった。これまで見たことのないような湿地林に行くことができるという喜びと、そんなところで調査ができるのかという不安が入り混じった気持ちであった。私の役目は、現地においてヌマスギ林の被害とその後の更新状況を調査することであった。

二〇一〇年二月に初めてニューオーリンズに足を踏み入れた。この時は予備調査であったので、調査地を探しながら、ヌマスギ林を見てまわった。初めて見る雄大なミシシッピ川の景観に興奮しながら、夏季の調査を想像した。その年の九月に本調査で再度訪れたが、夏のニューオーリンズの天気は過酷で朝から四〇度近い高温になり、調査地では蚊の大群に取り囲まれ、湿地にはアリゲーターや毒蛇が泳いでいた。胴長靴の中には汗が溜まり、自分の体から異臭が漂っていた。ぬかるみに足をとられ動けなくなることもたびたびあった（図32）。これまでは比較的涼しい水辺や湿地で調査を行っていたが、今回は泥だらけになってまさに這いつくばってやる調査の典型であった。このような調査を体験できたのも、自分から積極的に人に働きかけることを心がけてきたおかげだと思う。やはり人とのつながりは大事だ。

5　低木

サツキ

サツキはツツジ科の半常緑低木で、関東以西、中国・九州地方（四国は除く）まで分布するが、本州中部の太平洋岸に多く、中国地方や九州本土にはほとんど分布していない。しかし、分布の南限である屋久島には多くのサツキが自生している（口絵62）。サツキは、五月から六月にかけて赤い筒状の花を咲かせる。めしべが一本とおしべが五本あるのが特徴である。サツキと混同されがちなヤクシマヤマツツジはおしべが一〇本あるので見分けがつく。葉は細くて小さく、両面に毛が生えており、渓流に適応した形であると言われている。盆栽など園芸でよく利用されている植物で、古くから多くの園芸品種がつくられている。最近の研究では、屋久島のサツキと本州のサツキは、それぞれ別のヤマツツジ集団から進化したと考えられている。

私が屋久島でサツキの研究をすることになったきっかけは、二〇〇九年に屋久島のガイド小原比呂志さんに、二人の学生とともに安房川支流の荒川の沢登りに連れて行ってもらったことであった。その渓流は見事な美しさで、渓畔林を研究している私にとって、ワクワクするような体験であった。その渓流で水際に一列に並んで分布しているサツキを見た。サツキラインとも表現できるように綺麗に列をなしており、一瞬で洪水による攪乱がサツキ群落に影響を与えていることを理解することができた。そして将来、機会があれば、屋久島の渓畔林を研究したいと思ったのである。その後、二〇一七年五月に宮之浦川河口周辺のサツキ群落を訪れ、満開のサツキに魅了された。手探りでの調査が始まったが、文献を調べてもサツキの分布に関する情報があまり見つからなかった。そこで地元の方々から情報を得ることが重要と考え、屋久島で水辺林のセミナーを開催し、そこに集まっていただいたガイドの方々に研究内容を紹介するとともに、その場でサツキの分布情報を提供していただいた。多くは安房川や宮之浦川などの河川や渓流沿いであったが、愛子岳などの山頂周辺にも分布しているという情報を得た。私はこれまでサツキは渓流沿いの植物と認識していたし、図鑑や植物分布の報告書でも渓流植物と記載されていたので、これは驚くべき情報であった。ここから私の屋久島通いが始まった。

サツキの調査を始めることになって、最初に行ったのは文献調査であった。サツキに関する文献は、大部分が園芸品種や栽培方法に関するもので、自然分布や生態、生活史、更新に関するものはほとんどみられず、植物図鑑や植生調査の中で群落として取り扱われていたりする程度であった。屋久島ではホソバハグマ—サツキ群集として、渓流沿いに分布するとされている。本州におけるサツキの分布も河川や渓流沿いで、水辺の植物として広く認識されている。

このような中で、屋久島ではサツキが山頂にも普通に分布するという情報が得られた。これが事実なら、サツキの生息地などの情報が改まることになり、生態的な特徴も調べ直す必要がある。一般に、ツツジの仲間は日当たりのよい場所を好む樹種が多く、サツキも林冠木によって日射が遮断された暗い林内にはほとんど分布していない。サツキが普通に分布している河岸は日当たりがよいが、山頂も日当たりのよい点では共通している。ほんとうにサツキは河川沿いと山頂というまったく異なった環境で生息しているのであろうか。この疑問を解明するために、まず屋久島におけるサツキの分布状況を調べるところから、この研究を始めた。

サツキの本格的な分布調査を始めるにあたって、やみくもな調査は効果的ではない。地元の自然を知り尽くしたガイドの力を借りることにした。二〇二一年一一月にSNSで一〇名程度の協力者のグループをつくり、サツキを見たら位置情報、写真などをグループで共有した。その後、続々とサツキの分布情報が寄せられた。その結果は、驚くべき内容であった。もちろん、サツキが多くの河川や渓流際に分布するという情報は多かった。安房川や宮之浦川では河口周辺から上流域まで確認されたし、永田川、大川、中間川、鈴川、小田汲川、椨《たぶ》川、一湊《いっそう》川にも分布していた。一方で、この常識（サツキの分布は河川や渓流の岩場）を覆す情報が続々と集まってきた。多くの山頂に普通に分布しているというのである。

名の知れた山では、愛子岳やモッチョム岳、その他にガイドが確認した山は明星岳、安房前岳、破沙岳、七五岳、ヒズクシ山、カンカケ岳、一湊岳、割石岳、あるかもしれないという未確認情報では耳岳、国割岳である。しかし、宮之浦岳、黒味《くろみ》岳、永田岳などの奥山では確認できないということであった。また、ジトンジ岳や芋塚山、吉田岳などのように山頂全体が高木で覆われている箇所にも分布はみられなかった。サツキが分布する山頂の共通した特徴は、標高が一四一〇メートル（割石岳）

より低く、山頂に高木がなく直射光がよく当たり、岩盤が剝き出しになっているという環境であった（口絵63）。この環境は、河川周辺の環境と酷似している。河川敷では洪水のために高木が侵入できずに直射光がよく当たる。また、大きな岩盤や大礫があり、それらの割れ目や礫の間に根を張っている。これらの立地は長期間安定しており、よほどのことがない限り変わることはない。つまり、山頂と河川内では光環境や土壌環境が共通しているのである。大きな違いというと、河川では水分が豊富であるのに対して、山頂は乾燥する傾向にあるということだ。

これらの情報を確かめるべく、一つ一つの山頂や渓流の情報を確認するフィールド調査が始まった。位置情報はあるものの、アクセスの厳しい山や谷は、ガイドの方に案内をお願いした。早朝に宿を出て、真っ暗になって帰ってくることもしばしばであった。また、一週間屋久島に滞在して、連日の大雨のために一日も満足な調査ができないなどフィールド調査の厳しさを思い知らされたこともあった。

現在、サツキの分布調査はすべて終わったわけでもなく、これからが本番だが、サツキの分布に関しては、渓流植物と言われていたようなスペシャリストではなく、山頂にも普通に分布することが明らかになってきた。なぜサツキは、渓流と山頂という、一見まったく異なった環境に分布することができるのであろうか。この現象をどのように解釈すればいいのであろうか。ある意味では、二刀流の生活史戦略を持っていると言える。そこで、私なりの仮説立ててみた。

サツキは、光の要求性が高く、明るい環境の下でしか生存することができない。実際に森林の林床下でサツキを目にすることはほとんどない。園芸植物としても、道路沿いの生垣として植栽されたり、

図 33　宮之浦川の増水——河川域は常に強度の攪乱にさらされているので、高木の侵入定着は困難である。よって、サツキは洪水の際には水に浸かるような河岸に分布する。

公園でも日の当たるところにしか植栽されていない。つまり、樹高の高い他の植物が侵入できないような場所でしか生息できない。屋久島の自然環境の中でそのような場所は、河川周辺や山頂周辺にみられる。なぜこのような場所には他の高木が侵入できないかというと、屋久島の年降水量は五〇〇〇ミリメートルを超え、河川において頻繁に洪水が発生する（図33）ために、河川域は常に強度の攪乱にさらされているので、高木の侵入定着は困難である。

一方で山頂は、高木が侵入できても、台風や冬季の季節風により矮性低木化しているために、強い太陽光にさらされている。このような物理的に厳しい環境でサツキが生存できる理由は、その強い固着性にある。河川でも山頂でも、サツキが定着している場所は大きな岩の割れ目か大きな礫の間である。このような隙間に根系を張り巡らせることで、洪水や風によって引き抜かれることはない。幹や枝が折れたり枯れたりしても萌芽性が高いのですぐに再生してくる。それでは、どのようにこのような場所に定着してくるのか。推測にすぎないが、それにはコケの存在が大きいと考えている。岩の割れ目にコケが生えてくると、その部分で土壌化が起こり、水分が保持されやすくなる。コケにトラップされたサツキの種子がそこで発芽し、根を割れ目深く伸ばしていく。また、ツツジ科であるサツキはエリコイド菌根菌と呼ばれる特殊な菌類と共生できるので、それによって生育・定着をより確かなものにしているのかもしれない。このように、他の樹木と異なった生活史戦略が河川と山頂という異なる環境への適応を可能にしているのだろう。

コラム　サツキとの出合い

これまでサツキは公園や道路の植え込みで幾度となく目にしてきたが、自然状態で生育しているサツキを見たことはなかった。二〇〇九年に学生とともに屋久島を訪れ、ガイドの小原比呂志さんの案内で安房川支流の荒川で沢登りを行った。周辺はスギやコメツガなどの針葉樹、幹が光るようにすべすべしているヒメシャラなどの森林であったが、光の当たる渓流際には、サツキが一列に並んでいた。よく見ると、渓流の増水するあたりに一直線に並んでいたので、サツキラインと名づけた。これまで、渓流域の樹木の研究を行ってきたが、低木にはほとんど目もくれなかった。時は流れ、二〇一七年の五月にNHKの巨大杉探索のプロジェクトに参加するために、再び屋久島を訪れた。この時は、沢登りや登山などかなりハードな調査を要求されることがわかっていたので、前年から体力づくりの一環として、佐渡国際トライアスロンに挑戦しはじめた。トライアスロンは、水泳、自転車、マラソンが組み合わさったスポーツであるが、屋久島の調査では、沢登りや渡渉、岩登り、長いトレッキングという、トライアスロンの調査版のような複合的な体力・技術を要求された。この巨大杉のプロジェクトの合間に、宮之浦川の河岸で燃えるような色で咲くサツキの花に出合った（口絵64）。今でも目に焼きついているほど美しかった。これまで対象としていた水辺の樹木はすべて高木で、花も地味なものが多かったのだ。

これらに比べるとサツキは明らかに優美で私の心に火をつけた。屋久島でサツキ研究をやろうと。二〇二〇年から研究助成金を得て、本格的にサツキの調査を開始した。最初は渓流植物と考えていたサツキは、じつは山頂にも普通に分布していることが次第に明らかになってきた。そのため、ピークハンターとなってサツキを追い求めた。往復一二時間もかかるような山頂を目指しての調査が始まった。登り詰めた山頂は、奥岳の宮之浦岳、永田岳、黒味岳をはじめとして愛子岳、モッチョム岳、それにほとんど登山者が訪れないような破沙岳、七五岳、割石岳など二〇座を超えた。まさに、トライアスロンで培った体力が役に立つ調査であった。

第5章　なぜ樹木は水辺で共存できるのか？

1　光・土壌・水分環境の違い

自然の森林を眺めてみると、たとえばブナ林と呼ばれる場所ではブナが林冠木の大半を占めているが、それ以外の木がないわけではない。ブナ林の中には、林冠木ではホオノキ・キハダ・ミズナラ・イタヤカエデなどの樹木が混交している。また、亜高木層や低木層には異なる樹木が分布している。比較的構成樹種が少ない亜高山帯林においても、シラビソ・トウヒ・コメツガなどの常緑針葉樹にダケカンバやナナカマドなどの落葉広葉樹が混ざっている。

これらの多様な樹木が森林で共存できる原因は、日本のような中緯度の森林では環境の多様性によって説明されている。地域を絞ってみても、森林にはさまざまな地形がある。落葉が厚く積もってふかふかした土壌があったり、急な岩の崖があったり、渓流があったり、斜面から水が湧き出していたり、倒木があって光が差し込んでいたり、さまざまな立地がみられる。それらの場所には異なる性質を持った樹種や草本が分布している。

一般にブナ林は遷移の後期に形成される森林（以前は極相林、climax forestと呼ばれていた）であるが、渓流周辺にはサワグルミ・トチノキ・カツラなどを構成種とする渓畔林が入り込んでいる。また、樹木が倒れて光が差し込んでいるギャップには、ヤマハンノキやタラノキなどの先駆樹種が入り込んでいる。このように、異なる光、土壌、水分環境を持つ立地には、異なる樹木がモザイク状に分布している。特に、渓流周辺の水辺の環境は多様で、複雑で多くの樹種が共存する性質の異なる立地が多くみられる。

狭い範囲に限れば、渓流沿いの渓畔林は樹種も多く、非常に多様性が高いということができる。

2　多様な自然遷移

生態系の一次遷移は、初めは生物がまったく存在しないステージから始まる。つまり非常に大規模な土石流、火山の溶岩が流れ出て形成された環境や海上に隆起して出現した島などでは、地衣類や蘚《せん》苔《たい》類の侵入、ススキなどの草本、そしてヤシャブシやアカマツなどの先駆樹種の定着を経て、ナラ類やブナなどの遷移後期樹種へと遷移していく。その段階で複雑な地形形成も行われるが、それらの遷移は一方向ではなく、その後生じる中小規模な自然攪乱によって逆戻りをする。たとえば、ブナ林の中で土砂の崩壊が生じれば、そこに先駆樹種が侵入する。

一方で二次遷移は、山火事で地上の植物が燃えてしまった跡や、森林が伐採された跡から始まる遷移である。二次遷移では、はじめの段階から生物の遺伝資源がそこに残されている。多年生の草本や樹木であれば根系が残っており、そこから新たに萌芽して再生する。いわゆる里山管理は、二〇年程度で樹木の伐採を繰り返して、コナラやクヌギなどの樹木の萌芽能力を利用し、森林を短期間で繰り返し利用していくシステムである。また、土壌中には多くの埋土種子が残されており、山火事や伐採による地表温度の上昇などによって一斉に発芽してくる。

一般的な河川や渓流などの水辺においては、完全な一次遷移はほとんどみられない。これは、河川攪乱は河川に沿った細長いタイプが多いために大規模なものは多くなく、小中規模な攪乱が多いためである。また、山腹崩壊、土石流、氾濫など攪乱のタイプから、攪乱跡地にはさまざまな樹木や草本の残骸や遺伝子資源が混在している。そのために、攪乱後に速い速度で植生が回復してくるケースが多い。また、攪乱サイズが小さいために、残った周辺の森林からの種子の供給が期待でき、時間の経過を待たずして、いきなり遷移後期樹種の侵入がみられる場合もある。

3　マクロからミクロへ

森林のタイプは、全球的には降水量や温度によって規定されている。日本にいるとそれほど感じないかもしれないが、森林の分布において降水量は決定的な要因となる。北海道から沖縄まで全体的に年降水量が一〇〇〇ミリメートルを超える日本においては、森林のタイプを規定するのは気温である。北海道では針広混交林、東北地方はブナなどの落葉広葉樹林、西日本はカシやシイの常緑広葉樹林、沖縄は亜熱帯林と、空間スケールで森林のタイプは異なっている。また、標高差は温度差を生み出し、標高が一〇〇メートル上がると気温が〇・六度下がる。そのために、本州の中部地方では標高が上がるとともに、常緑広葉樹林、落葉広葉樹林、常緑針葉樹林、高山植生と、森林の水平分布と同様に温度変化によって大きく森林タイプも変化していく。

これは水辺林にも当てはまる。北方の水辺林にはヤナギ類やポプラの仲間が分布し、熱帯の河川の河口にはマングローブが広がっている。同じ地域の河川流域でも、上流から渓畔林、山地河畔林、河畔林と、流域で森林の種類や構造が変化していく。また、同じ地域の渓畔林でも、攪乱頻度が非常に高い河岸の光の当たるところにはヤマハンノキやヤナギ類、攪乱頻度の中程度のところにはサワグルミ、安定した立地にはトチノキと、多様な樹種で構成されたパッチがモザイクのように入り組んで分布している。このように、水辺林を含めて森林は空間スケールで森林の種類や構造に高い多様性がある。

図34は、異なる環境がモザイク状に分布した場合、それに対応した樹種を示す。生態系の中にはさまざまな環境が存在するが、この図ではある地域に三つの環境（白色、薄い灰色、濃い灰色）が散らばっていると仮定する。白色の環境には〇樹種、薄い灰色の環境には□樹種、濃い灰色の環境には▲樹種というように、環境とそこに存在する樹種が対応している。これは非常に単純な例であるが、樹

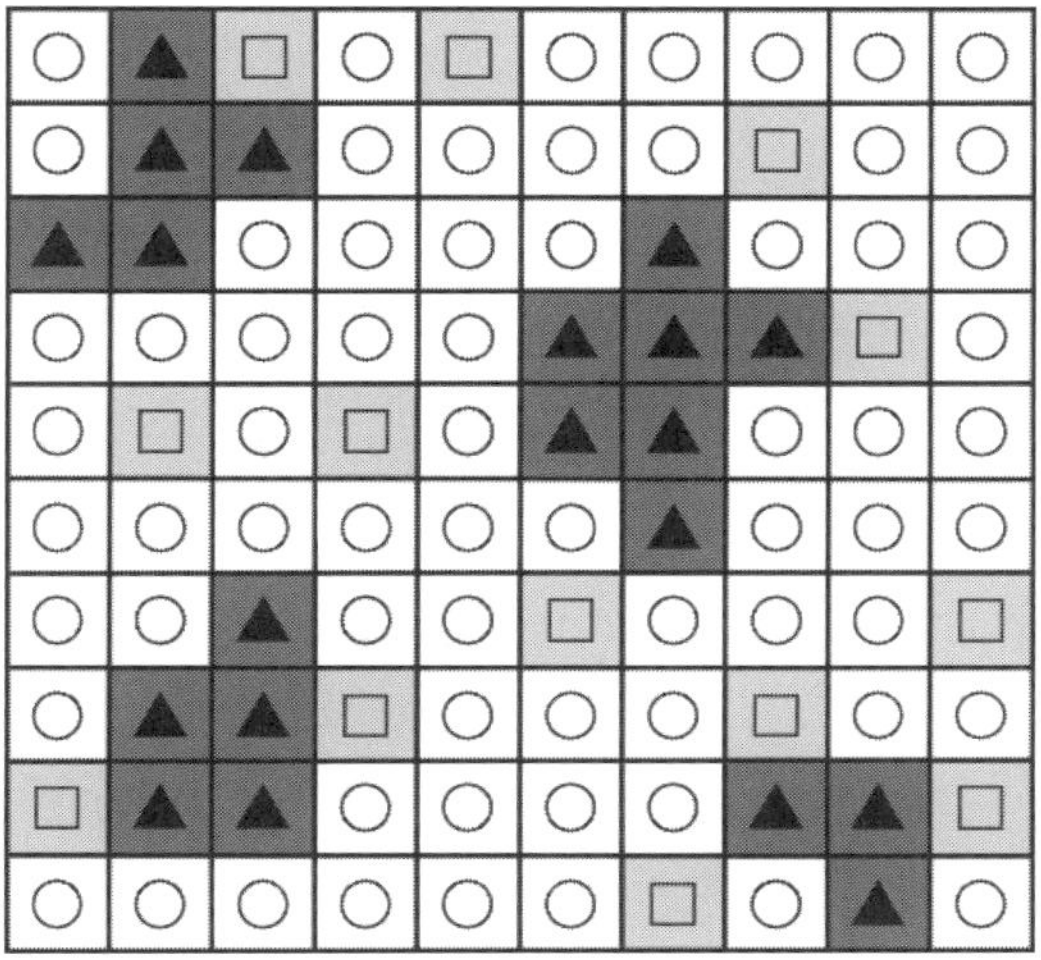

◀図 34　モザイク状の環境とそれに対応して分布する樹木――マス目のアミガケの濃さが環境を示し、中の図形が樹種を示す。

▼図 35　水辺における環境傾度と樹種分布――洪水による撹乱頻度は水際からの距離によって大きく異なる。

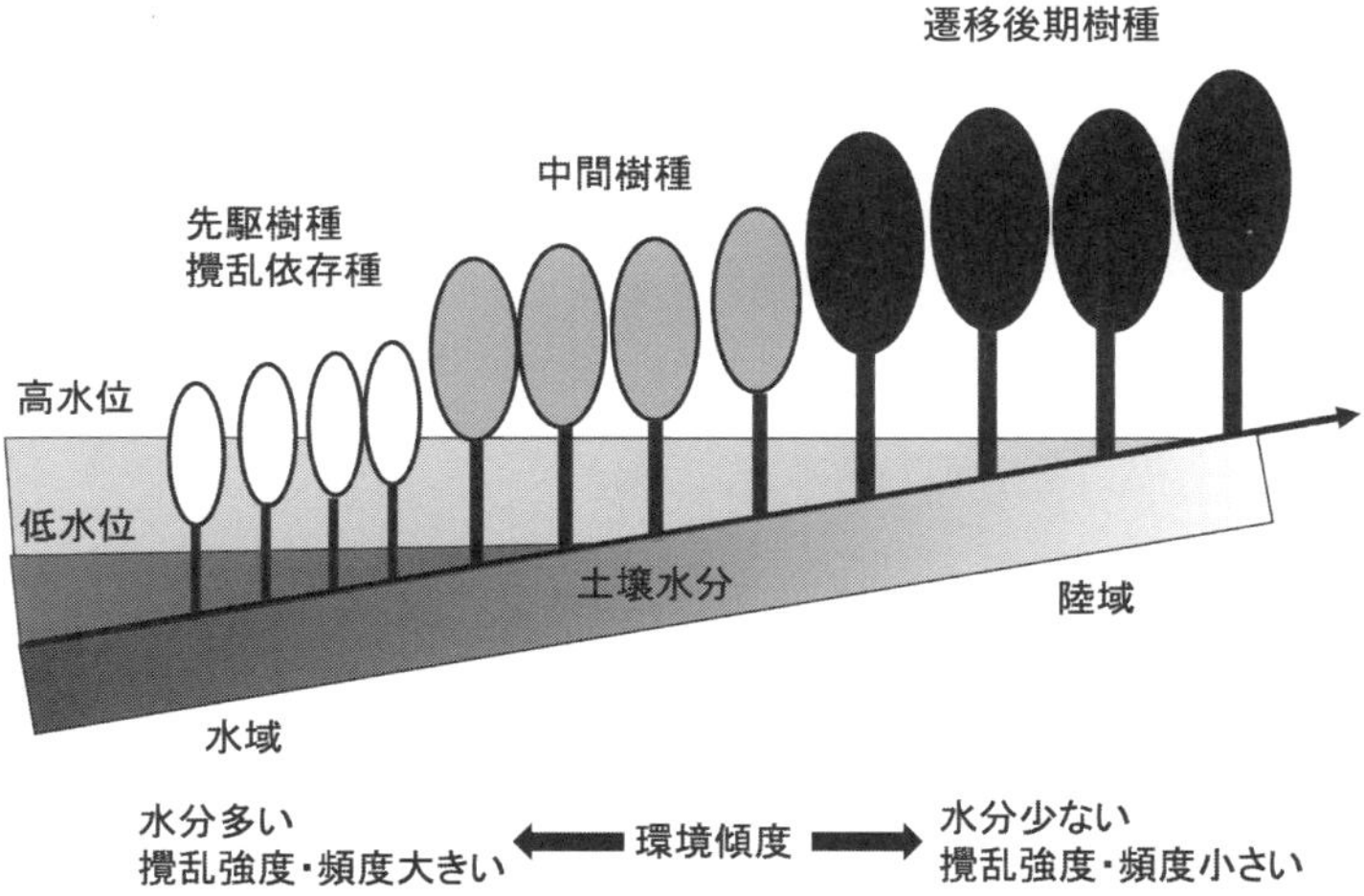

木の共存機構をある程度説明することができる。ただ、森林の樹種構成は、その成長に伴って時間とともに変化していくので、それほど単純に説明することはできない。この図で、秩父の渓畔林に分布する樹種の共存を説明する。更新するために大規模な攪乱による大きなギャップを必要とするサワグルミは▲で濃い灰色の崩壊地にまとまって出現する。大規模な攪乱かつ大きな礫や岩盤を生息地とするカツラは□で薄い灰色に点在して分布する。渓流域のさまざまな環境で更新できるシオジは○で、優占樹種となり白色に分布する。

一方、水辺では水域から陸域という環境傾度によって、樹種が推移し共存していることが多い。図35は河川から水分環境や攪乱頻度の変化に伴って樹種が変化していく様子を示している。水辺に最も近く水分や光が豊富な環境には、先駆樹種であるヤナギ類やヤマハンノキなどが分布する。ここには、洪水による攪乱頻度が非常に高く、攪乱に依存しているような樹種が生存している。ヤナギ類のように若齢個体から種子生産を行い、水際の砂礫地で頻繁に更新を行っている樹種や、サツキのように水際の岩盤の割れ目に根を張りへばりついてどんな洪水にでも耐えているような樹種がある。水辺から陸に向かっては、徐々に遷移後期樹種に変化していく。

4　時間とともに入れ替わる個体・樹種

これまで植生学では、ブナ林、オオシラビソ林、サワグルミ林というように、森林は樹種によって

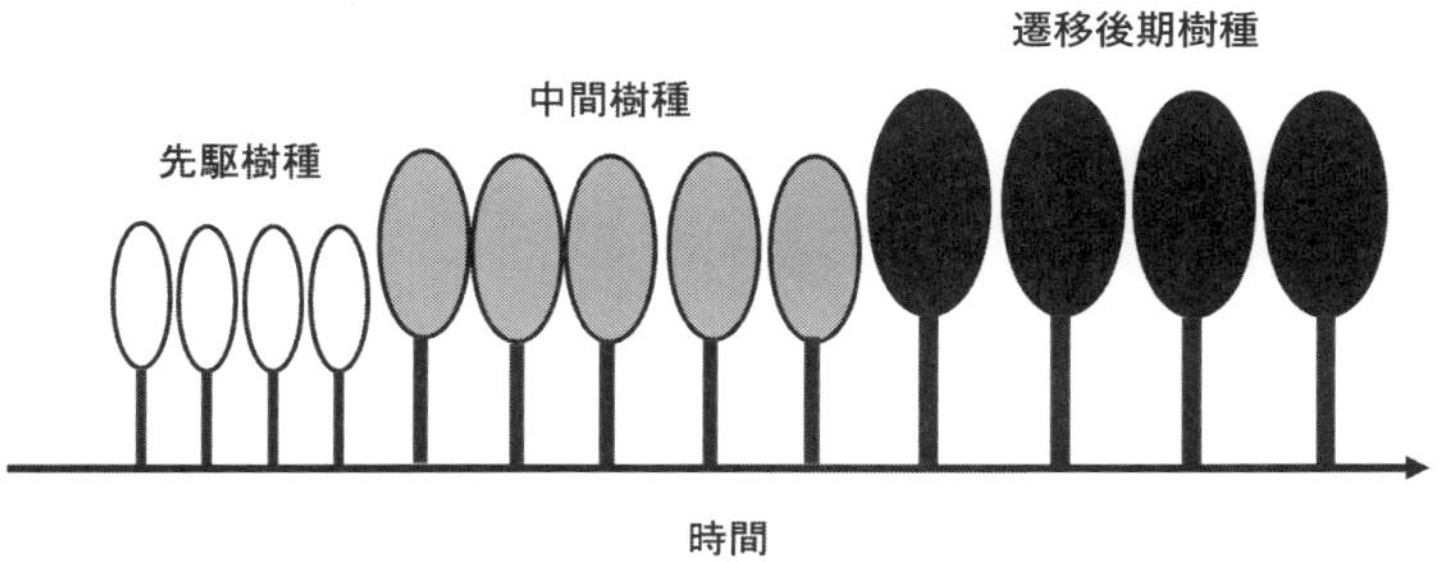

図36　自然遷移——森林は同じ場所で時間とともに先駆樹種から遷移後期樹種へと変化していく。その過程で、光、水分、土壌環境なども時間とともに変化していく。この変化は、環境と生物間の相互作用によって生じる。

分類され、それらの森林は生育環境に適した温度、光、土壌、水分などの環境によって形成された地域や立地に分布するというように説明されてきた。この説明もあながち間違いではないが、これは森林を静的なものとして捉えているのであって、実際は同じ森林が同じ場所で永続的に存在することはない。

歴史的には、地球の温度変化によって生じた氷河期や間氷期などの繰り返しで、生物種は北上したり南下したり大移動を行ってきた。その中で絶滅した生物も多い。このような移動や変化は数万年レベルのスケールで生じている。しかし、もっと短い時間スケールでも森林は変化している。そもそも植物の寿命はそれほど長くなく、長いとされる樹木でもせいぜい一〇〇～一〇〇〇年レベルである。

噴火による火山島の出現、鬼界カルデラのような大規模な火砕流、大規模な土石流によって生じた裸地には、自然遷移にしたがって先駆樹種、そして遷移後期樹種が順番に侵入してくる（図36）。その過程で、光、水分、土壌環境なども時間とともに変化していく。この変化は、環境と生物間の相互

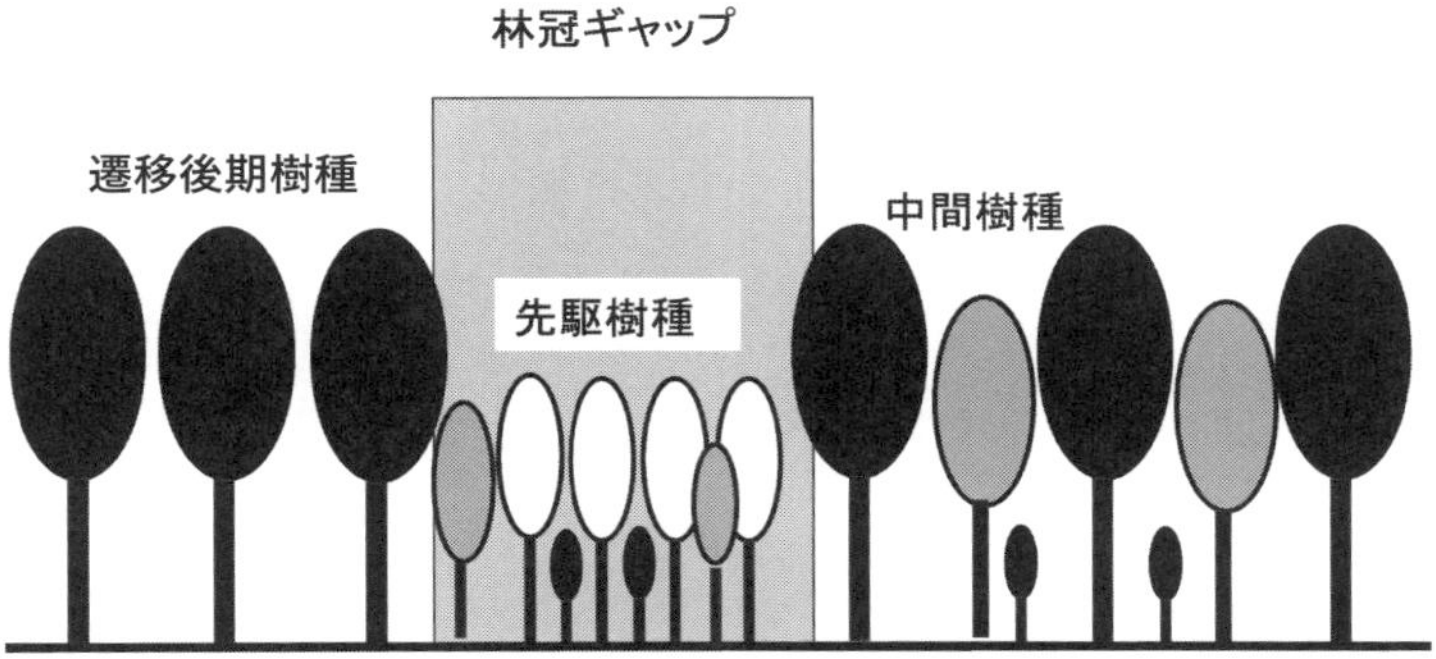

図 37　林冠ギャップの形成による森林の更新——高樹齢の森林においても、林冠層の樹木が倒れたり枯れたりしてギャップが形成されると、そこで待機していた遷移後期樹種の稚樹が成長しはじめる。また、ギャップが大きいと新たに先駆樹種も侵入してくる。高樹齢の森林には、さまざまな段階の樹齢で形成されたパッチがモザイクのような状態で存在する。

作用によって生じる。時間の変化とともに環境が変化し、侵入してくる植物も変化する。

比較的攪乱頻度の低いブナ林では、ギャップダイナミクスによって更新が説明されている。ブナは林床に次世代を担う前生稚樹群落を形成しており、立ち枯れなどで林冠ギャップが形成されると、光環境の改善によって前生稚樹（林冠木の下で次世代を担うために待機している稚樹）が生育を始めてそのギャップを埋め、ブナ林が継続していく。そのため、一見して均一なブナ林のように見えるが、樹齢の異なるブナのパッチが入り組んだモザイク状態になっている。

ただ、比較的大きなギャップや根返りの倒木が生じて地表の土壌が剝き出しになったような場合には、先駆樹種など多くの植物種が更新して遷移が進んでいく（図37）。亜高山帯の針葉樹林では、シラビソやオオシラビソなどの針葉樹が縞枯れ現象（亜高山帯のシラビソやオオシラビソが等高線方向に帯状に立ち枯れていく天然更新。遠くから見ると白い縞のように見える）を起こして、同じ樹種で更新していく。

水辺林、特に上流域の渓畔林では、自然攪乱が非常に多様で土砂移動や地形変動の規模が大きいために水辺林の構成樹種や構造が極めて複雑である。とはいえ、攪乱頻度や環境によって大まかな種組成などは決まっている。上空が空いていて日当たりがよく、水際で攪乱頻度が高ければヤマハンノキやヤナギ類の渓畔林が形成され、V字谷で渓流を林冠木が覆うような立地では、サワグルミ、トチノキ、シオジ、カツラなどの渓畔林が形成される。これまでの研究では、サワグルミは比較的大規模な攪乱跡地を占領して一斉林を形成することが示されているが、サワグルミは比較的寿命が短く、長くてもせいぜい一五〇年程度である。

太平洋側の渓畔林を例にとってみると、寿命を迎えたサワグルミ林がまたサワグルミ林になるかというと、それほど単純な話ではない。サワグルミは高樹齢になると幹が中心部から腐朽し、倒れていく。通常、サワグルミ林の下には、サワグルミの稚樹は分布していない。大きな攪乱がもう一度同じ場所で起こる可能性は比較的低い。

では、サワグルミ林の後はどのような森林に更新していくのであろうか。興味深いことに、サワグルミ林にシオジやカツラなどの比較的耐陰性の高い樹種が亜高木として混交していることが多い。樹齢を調べてみると、シオジやカツラはサワグルミとほぼ同時期に、おそらく同じ大規模攪乱の後に侵入したであろうことがわかった。

シオジやカツラは三〇〇年以上の寿命を持つことから、サワグルミが枯死した後は、これらの樹種に移り変わっていくと考えられる。つまり、同じ立地でもメインとなる植生は移り変わっていく可能性が高い。しかし、積雪地帯のトチノキとサワグルミが渓畔林を形成しているような林分構成では、トチノキは地盤の高い安定した立地に分布し、サワグルミが攪乱頻度の高い河川際に分布し、そこで繰り返される攪乱によってサワグルミだけが更新しているというケースもみられる。その地域に分布する樹種構成によって、更新のパターンも変わってくる。

第6章　大規模攪乱後の水辺林の更新状況を調べてみたら

水辺で生じている大規模攪乱というと、上流域では土石流や山腹崩壊、中下流域では洪水が挙げられる。これらの大規模攪乱が水辺林の更新に大きな影響を及ぼしていることは間違いない。しかし、大規模攪乱は毎年頻繁に発生するものではなく、その再来期間は長い。そのために我々研究者は、現在の森林の樹木のサイズや樹齢構造から、その影響を推測しようとする。しかし、数百年も経った遷移後期の高樹齢の森林においては、過去に大規模攪乱があったことは想像できるが、その実態に関してはブラックボックスになっていることが多い。

図38は、遷移の初期過程から後期過程への変遷を示している。樹種はわかりやすいように白色の先駆樹種と黒色の遷移後期樹種の二樹種にしてある。小中規模攪乱では攪乱の後の林冠木ギャップにすでに定着していた遷移後期樹種の前生稚樹が成長を始めてギャップを修復する。ギャップのサイズが大きい場合には、先駆樹種も侵入してくる。しかし、大規模攪乱によって完全に森林が除去されリセットされた場合に侵入してくるのは先駆樹種だけで、それが成長して枯死する頃に遷移後期樹種が侵

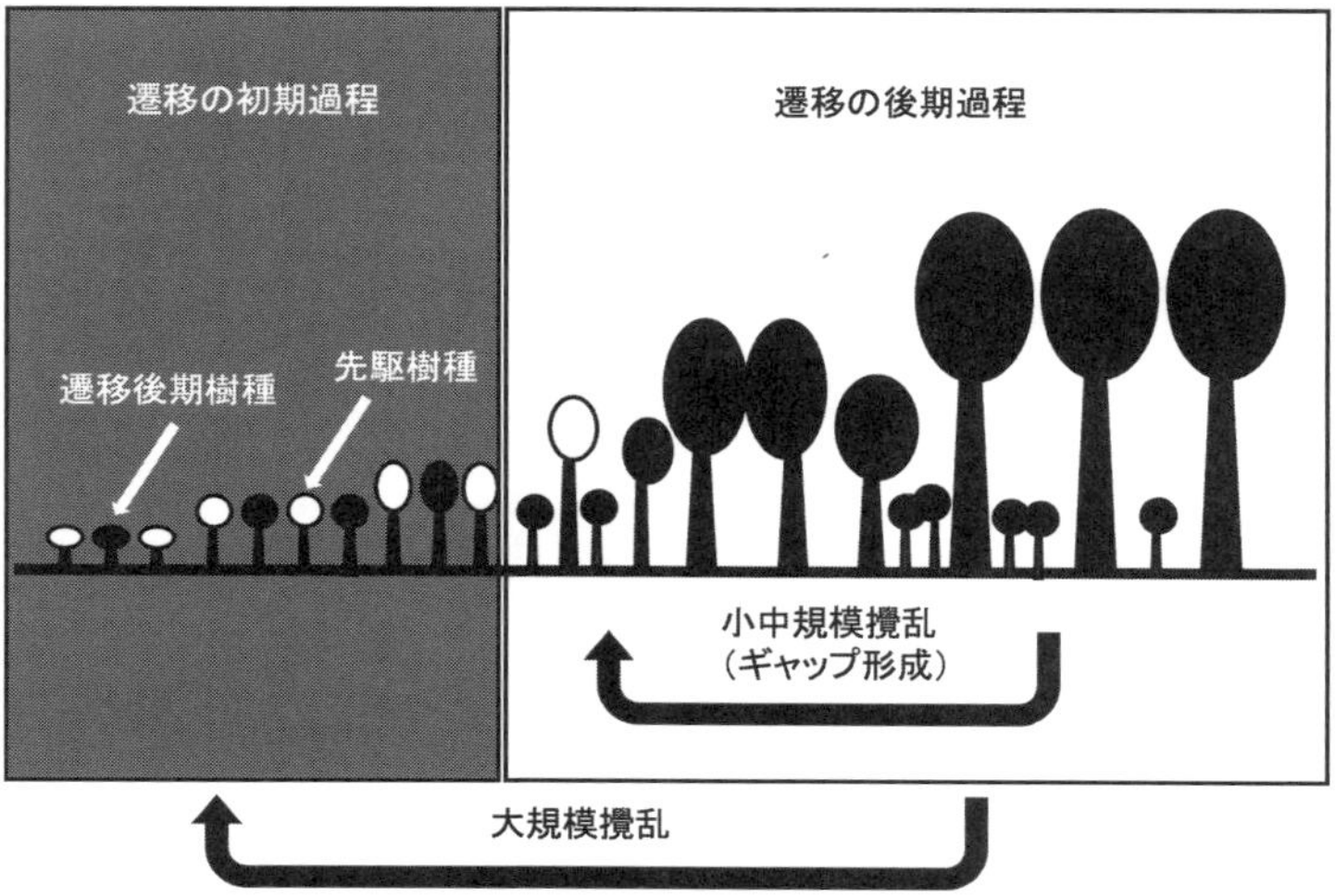

図 38　遷移の初期過程から後期過程への変遷――一次遷移の概念だと図 36 のように最初に先駆樹種が侵入して、それらの樹種が成長してから次の世代の遷移後期樹種が侵入してくるが、水辺林の高樹齢の森林においてこれらの初期過程はブラックボックスになっておりほとんどわかっていない。初期の段階で、先駆樹種に混じって遷移後期樹種も侵入している可能性も否定できない。

入してくるのか、そもそも撹乱直後から先駆樹種に混ざって遷移後期樹種も侵入しているかはブラックボックスの状態になっている。

これまでの比較的高樹齢で安定した森林の研究では、ここの部分がわからなかった。しばらく安定状態にある高齢林ではギャップ形成などの小規模、中規模な撹乱によって森林の更新を議論しているために、大規模撹乱直後の更新に関しては想像の域を出ない。そこで、土石流・洪水・ハリケーンという三つの種類の大規模撹乱から間もない水辺林においてその更新状況を調べてみた。

1　大規模土石流

大規模攪乱が生じた直後の水辺では、先駆樹種が更新していることは予想できる。その段階において、遷移後期樹種が同時に侵入しているのか、それとも、先駆樹種の衰退の段階で遷移後期樹種が侵入してくるのかなどはよくわかっていない。そこで、一九九五年に、土石流によって水辺林が破壊された場所での研究をスタートさせた。

新潟県佐渡島の大佐渡山地は緑色《りょくしょく》凝灰岩《ぎょうかいがん》などを基質とするグリーンタフ地帯で、過去から多くの土石流や地すべりが発生してきたと考えられている（口絵65）。新潟大学の演習林も、大規模地すべりによって数年間通行止めになったことがある。一九九五年には、大河内沢において大雨による大規模土石流が発生した。この土石流では水辺林の林冠木は破壊され、新たに形成されたテラス（洪水などによって形成される段丘など一段高くなった地形）上に若齢林の更新がみられた。長さ二四〇メートルにわたって形成されたテラスの上には、オノエヤナギとケヤマハンノキが優占種として数メートルの樹高で林冠木を形成していた。その他には、ミズキやイタヤカエデに混交して、サワグルミやカツラも稚樹群落を形成していた。

私は、新潟大学農学部四年生の川上祐佳さんとこの林分において典型的な渓畔林樹種であるオノエヤナギ、ケヤマハンノキ、サワグルミそしてカツラの四樹種に焦点を当てて群落動態を解析した。この渓流の支流には高樹齢の渓畔林が一九九五年の土石流の影響を受けることなく分布している。この高樹齢の渓畔林の樹種分布を調べてみると、林冠木はサワグルミやカツラで形成されており、オノエヤナギやケヤマハンノキはまったく存在していなかった。つまり、このあたりの高樹齢の渓畔林はこれら遷移後期樹種で形成されており、先駆樹種は分布していなかった。

土石流が発生した後の樹種構成を見てみると、林冠木はオノエヤナギやケヤマハンノキが優占していたが、遷移後期樹種であるサワグルミやカツラも侵入していた。樹齢解析を行ってみると、オノエヤナギやケヤマハンノキは土石流直後に侵入、定着していたが、サワグルミやカツラもそれほど遅れることなく二、三年後には侵入していた。また、空間分布を調べてみると、それぞれが別の立地に分布しているように見えた。

種子散布状況を比較するために、シードトラップを設置して種子の散布範囲の比較を試みた。オノエヤナギの種子は柳絮と言って綿毛のようにふわふわ風に乗って移動するので、ベニヤ板に粘着テープを貼りつけて種子を集めた。その結果、オノエヤナギ、ケヤマハンノキそしてカツラの種子は調査地全域にほぼ満遍なく供給されていた。一方、サワグルミの種子は母樹の周辺に分布していた。

このことから、サワグルミの稚樹の分布を規定しているのは、種子散布方法である可能性が高い。また、土石流直後の土壌環境を調べてみると、オノエヤナギ、ケヤマハンノキ、カツラ、サワグルミの順で粒径の細かな土壌で発芽していたことが明らかになった。土石流直後の土壌表面の環境は均一ではなく、ある部分は砂質土壌が優占し、他の場所は礫質土壌が優占していたと考えられる。カツラの発芽は乾燥した土壌では抑制されていることから、他の樹種が侵入して少し日陰ができた頃に発芽、定着したのだろう。ちなみに、この四種の結実豊凶パターンを比較してみると、サワグルミには明らかな豊凶がみられる。ケヤマハンノキにも豊凶がみられるが、オノエヤナギやカツラには明確な豊凶はみられない。

森林の遷移系列で考えると、先駆樹種が侵入して林分を形成してから遷移後期樹種が侵入してくるのが一般的なストーリーである。しかし、一九九五年に起きた土石流後の水辺林形成調査の結果からは、先駆樹種と遷移後期樹種は、数年の違いはあるもののほぼ同時に侵入・定着していると考えられた。これまでの渓畔林の更新に関する研究は、高樹齢の渓畔林をフィールドにして、それらの樹種の間で比較的小規模、もしくは中規模攪乱を想定して行われていた。その結果、たとえば、トチノキとサワグルミなら、より先駆的な性質を持つサワグルミが攪乱サイトで更新し、その後トチノキが侵入するという更新タイプ、もしくは攪乱の規模や頻度の違いによって二種が棲み分けているという説明が行われてきた。

これらの林も、時間を遡っていくと過去にはヤナギ類やケヤマハンノキなどの先駆樹種が優占していた時期があったのかもしれない。

2 洪水

近年、線状降水帯という言葉をよく聞くようになった。二〇一一年というと誰もが三月一一日に発生した東日本大震災を思い浮かべる。しかし、その年、七月二七日から三〇日にかけて、前線が朝鮮半島から北陸地方を通って関東の東に停滞し、新潟県と福島県会津地方を中心に大雨となり、線状降水帯が発生して、二八日から三〇日にかけて記録的な大雨となった。この豪雨は、「平成二三年七月新潟・福島豪雨」と呼ばれている。新潟県では信濃川水系の六河川で堤防の決壊が相次ぎ、三条市など広範囲で浸水被害が発生した。福島県南会津郡只見町只見では、この間の総雨量が七一一・五ミリメートルで、七月平年降水量の二倍以上となった。この大雨が原因で新潟県・福島県では堤防の決壊や河川氾濫による家屋や農地の浸水が発生し、山地周辺では土砂災害による家屋や道路の被害も多数発生した。

このような洪水による大規模攪乱が河川のヤナギ類の河畔林にどのような影響を与えるかを明らかにするために、新潟大学四年生の新国可奈子さんと洪水直後から三年間研究に取り組んだ。二〇一一年の秋に、河畔林の被害が大きかった伊南川流域全体にわたって踏査し、伊南川杉沢の中州を挟んだ左岸側に一ヘクタールの調査プロットを設置した。

この洪水の水深は、上流から流れて堆積したデブリの状況や樹木に絡みついたゴミの位置から、河川の中では比較的地盤の高い調査地点の中州において、最低でも地表面から一・五メートルをはるかに超えていたことがわかった。洪水の影響は思っていた以上に大きく、中州のうち本流路側のヤナギ類の立木はことごとくなぎ倒され、枝や樹皮はむしり取られた状態になっていた（口絵66）。

残存したヤナギ類の立木には、上流域から流れてきた流木やゴミが二メートルほどにうずたかく堆積していた（口絵67）。地表面の草本などの植生は、大部分が剝ぎ取られ、新たに堆積した丸石や砂礫によって覆われていた。

まず、一ヘクタールの調査地においてヤナギ類を優占種とする河畔林の樹木がどのような影響を被ったかを明らかにするために、分布している樹木を洪水の被害程度によって二種類に分類した。倒伏・剝皮・幹折れなどの物理的被害を受けなかった胸高直径五センチメートル以上の樹木を「立木」、物理的被害を受けた胸高直径五センチメートル以上の樹木を「被害木」と定義した。この二種類のすべての樹木にナンバーをつけて個体を識別し、その樹種、胸高直径、樹高、樹木位置を計測した。被害木も同様の測定を行い、剝皮率と萌芽率の計測を行った。また、一ヘクタールの調査地内に上流から流されヤナギ類の樹木に捕捉されて分布している長さ一メートル以上かつ中央の直径が一〇センチメートル以上の流木（折れた枝を含む）の樹種、中央直径、幹長を計測した。

一ヘクタールの調査地内には、オニグルミ・オノエヤナギ・キハダ・サワグルミ・シロヤナギ・ヤマグワ・ユビソヤナギの七樹種の立木が合計で一四七本分布していた。高木層は一八メートルに達し、シロヤナギとユビソヤナギのヤナギ類二樹種が大部分を占めていた。被害木が一一〇本みられ、幹が傾斜したり、地面に倒伏したり、枝は水流によって削ぎ取られ、樹皮も大部分が剝ぎ取られていた。樹木の分布は、立木は主流路と副流路に挟まれた地盤が高い中州周辺に集中分布し、被害木は中州の主流路側の低い部分に集中していた。これらの樹木の分布から、倒伏した多くの被害木は流木化せずに、もとの分布場所にとどまっていることが示された。

洪水はヤナギ類の河畔林の林床を劇的に変化させた。林床には落葉や落枝はまったくなく、大部分の草本や低木は流失するか土砂に埋まっていた。地表面は無機質の砂礫に覆われて、その中でも砂質が最も多く四五パーセントを占め、大礫、小礫それぞれ一三パーセント、そして上流から流されてきた流木やゴミで形成されているデブリが一〇パーセントを占めていた。草本などの植生は、小高い箇所に一三パーセントほど残存するのみであった。林床の有機物を流し去るような洪水は、その後もしばしば発生している（口絵68）。

只見町は日本でも有数の豪雪地帯である。冬の合計積雪深は一二メートルを超え、人々が暮らす市街地でも多い年は三メートルを超える積雪がみられる雪国である。このような地域では、春先に雪解け水による融雪洪水がみられる。冬の積雪量によって融雪洪水の量に差はあるものの、毎年ほぼ決まった時期から融雪による洪水がゆっくりと始まり、ピークを迎えた後、時間をかけて水位が下がっていく。融雪洪水は、毎年決まった時期に生じ、水量は多いもののそれほどの破壊力はみられない。そのために、河畔林の立木などに倒木や流出などの影響をそれほど与えない。地表面の落葉などが流される程度である。それに対して、夏の大雨による洪水は、一気に水量が上がり流れ下るので、河畔林などに与える破壊力が非常に大きい。このような洪水は毎年生じるわけではないが、いったん発生すると、河川の様子を一変させる。

こうした洪水による大規模攪乱後のヤナギ科樹木の更新機構を明らかにするために、生活史を辿る調査を行った。樹木は開花→結実→種子散布→発芽→実生の定着→成長という一連の生活史を通して更新している。この一ヘクタールの調査地において、洪水後のヤナギ類の種子散布、発芽（口絵69）、実生の定着過程を追跡した。この調査地を二〇メートル四方の二五個のプロットに分けて、それぞれのプロットに一メートル四方の小プロット（コドラート）を一個ずつ設置し、その横に種子の散布量を測定するためのシードトラップを設置した。この小プロットにおいて、開空率・土壌水分・表層地質・リターおよび草本被度を測定した。

普通、樹木の種子生産量を調べる方法は、ナイロンネットなどで作成した円錐形のシードトラップを使用するが、ほんの少しの風でも飛んでしまうヤナギ科樹木の種子にはこのトラップは使えない。いったんトラップに入っても、風が吹けば飛び去ってしまうのである。そこで、ベニヤ板をビニール袋で包み、表面に粘着剤をスプレーで吹きかけた粘着トラップで種子を捕獲し、種子数を数えた（口絵70）。

この調査地付近には、オノエヤナギ・シロヤナギ・ユビソヤナギ・オオバヤナギなどの高木のヤナギ類の他に、ネコヤナギ・イヌコリヤナギ・タチヤナギなど低木性のヤナギ類も分布している。ヤナギ類の種子は非常に小さく種類を見分けることはできなかったので、一括してヤナギ類として数えた。

ヤナギ科植物の種子は五月下旬に最も散布量が多く、その後七月初旬まで散布され、種子は調査地全体にわたり散布されていた。伊南川に分布しているヤナギ類の中ではユビソヤナギの開花が最も早く四月上旬に、シロヤナギは四月下旬から五月上旬に開花する。ユビソヤナギやオノエヤナギは、まだ残雪が地面に残っている、葉が展開する前の時期に開花するが、シロヤナギは葉の展開と同時に開花する。オオバヤナギは葉が展開した後の五〜六月頃に開花する。種子の散布時期も、開花時期と同じように樹種によって異なっており、オオバヤナギは八〜九月と、他のヤナギ類と比べると格段に遅い。

調査の結果、二〇一二年と二〇一三年における六月中旬の小コドラートにおける平均当年生実生数はそれぞれ一平方メートルあたり一三八・二、九一・七、小コドラートの最大実生数はそれぞれ一平方メートルあたり一一一〇、二四三八であった。その後、七月にかけて小コドラート内の実生数は急激に減少し、八月初旬から一一月までは緩やかに減少していた。二〇一三年九月には台風一八号の影響で調査地が浸水したため、一〇月に実生が確認できたのは倒木上の二つのコドラートのみであった。

二〇一二年の実生数は単純に地盤が高い場所で多く、開空率と草本被度が高い場所で少なくなっていた。開空率が高い場所では直射日光が差し込み、高温と乾燥で種子発芽が行われない。また、草本被度が高い場所ではヤナギ類の実生が光不足ですぐに枯死してしまう。ヤナギ類が発芽サイトにしていた地盤が高く、開空率が低く、草本被度が低い場所で定着した実生も、二〇一三年九月の洪水によって流失、もしくは埋土してしまったため、このような環境がヤナギ類の実生の更新サイトであるとは言い切れなかった。いったんヤナギ林が成立している中州のような場所で、ヤナギ類が種子から発芽して実生が成長していくような更新の可能性は低いのかもしれない。まったく新しく砂礫が堆積したような地盤の高い中州や河畔が必要と考えられる（口絵71）。

植物の繁殖には、種子による有性繁殖と、栄養体から増殖する無性繁殖つまり栄養繁殖がある。多くのヤナギ類では昔から枝の挿し木などによって増殖が行われてきた。つまり、栄養繁殖能力が高いということである。コナラなど里山で伐採によって繰り返し萌芽を発生させて利用されるような樹種は、繁殖ではなく萌芽によって個体維持が続けられていると考えられる。ヤナギ類の場合は萌芽による個体維持と幹から離れた枝などによる栄養繁殖のパターンがみられるが、河川においてヤナギ類の萌芽発生や栄養繁殖がどのように行われているかはほとんど知られていない。二〇一一年七月の豪雨による洪水によって多くの木が被害を受けたが、その年の秋には、これらの倒木や流木の幹や枝から多くの萌芽が発生していた。また、地表面の土壌から発生している萌芽もみられた。これらのうち倒木や流木から発生した萌芽は二〇一一年から二〇一三年にかけて減少し、萌芽していたほとんどの個体が枯死した（口絵72）。その一方で、倒れた幹または枝が土中に埋没し、土壌中から発生している萌芽の多くはその後も枯れることはなく、早い成長を示した（口絵73）。

このように、倒木や流木から発生した萌芽は、二年程度で枯死し更新できなかったが、土壌中から発生した萌芽は年々成長し、今後、河畔林の構成木となることが予想される。このような土中に埋土された幹や枝からの萌芽の発生は、二〇一一年のような大規模な洪水が発生しないとみられないことから、すでに形成されている河畔林の維持機構の中心的役割を担っていると思われる。

これまでの研究では、ヤナギ類は、春先の融雪洪水の後に種子が散布されて水際で更新することが報告されてきた。融雪洪水のような季節的で定期的な撹乱は、新たに形成された砂礫地への実生更新を促進するが、翌年の融雪洪水で流失するというように定着と消失を繰り返している。一方で、すでに形成されている河畔林では、大規模な洪水の際には、主として萌芽更新によって林分が維持されるが、実際、伊南川に設置した中州の河畔林の五〇パーセント以上は繰り返される洪水によって浸食が進み失われている。そのために、ヤナギ類の更新のためには新たな定着サイトの出現が必要となってくる。伊南川が只見川に流れ込む合流地点では、度重なる洪水で新たに形成された砂礫地にヤナギ類の実生群落がみられ、将来は河畔林が形成されるであろう。このような新たな実生群落の成立のためには、扇状地のように流路変動が発生するような河川幅を持った広い河川が必要となってくる。ヤナギ類の更新のためには、流路変動などの河川動態そのものを維持していくことが重要である。

3　ハリケーン

日本において台風は歴史的に数々の災害を起こしてきた。台風は熱帯低気圧が最大風速約一七メートル／秒以上に発達したもので、東経一八〇度より西の北西太平洋および南シナ海での日本における分類である。ハリケーンは北大西洋、カリブ海、メキシコ湾および西経一八〇度より東の北東太平洋に存在する熱帯低気圧のうち最大風速が約三三メートル／秒以上になったものを意味する。

図39　ミシシッピ川河口付近のヌマスギやヌマミズキの湿地林——2005年8月に発生した巨大ハリケーン「カトリーナ」によって、ミシシッピ川の湿地林は強風や高潮による物理的な被害だけでなく塩水による長期間の冠水によって大きな影響を受けた。

メキシコ湾に流れ込む、アメリカ合衆国で二番目に長いミシシッピ川下流域には、ヌマスギやヌマミズキから構成される広大な湿地林が広がっている(図39)。このメキシコ湾ではたびたびハリケーンが発生し、甚大な被害が発生している。二〇〇五年八月に発生した巨大ハリケーン「カトリーナ」によって、ルイジアナ州やニューヨーク州などで大きな被害が発生した。特に、ミシシッピ川下流域のニューオーリンズ市では、高さ九メートルにも達する高潮によって多くの人的物的被害が発生し、ミシシッピ川の湿地林も、強風や高潮による物理的な被害だけでなく塩水による長期間の冠水によって大きな影響を受けた。

この巨大ハリケーンによって発生した大規模撹乱がミシシッピ川河口付近の湿地林に与えた影響を調べるため、二〇〇九年から三年間調査を行った。まず、自生樹種ヌマスギ林の被害と更新状況を調査するために、ハリケーンの被害程度の異なる三か所のヌマスギ・ヌマミズキ林それぞれに二〇メートル四方の調査区を二か所設定した。ここでは、樹高一・三メートル以上のすべての樹木の樹種、胸高直径、樹高を測定した。地表面からの水位は三〇〜一〇〇センチメートルくらいで、林冠層ではヌマスギとヌマミズキが優占し、アメリカハナノキ（口絵74）、アメリカトネリコ、アメリカタニワタリノキ、ミキナシサバルなどが低木層を構成していた。ハリケーンの強風による被害は大きく、枯死木の七〇パーセントは幹が折れており、生存している木でも三二パーセントが幹折れの被害を受けていた。最も被害の大きかった調査区では、ほとんど樹冠がなく全天が見渡せるほどで、直射光が水面まで差し込んでいた（口絵75）。しかし、これらの地域にはヌマスギやヌマミズキなどの在来樹種だけでなく、外来樹種のナンキンハゼやセンダンなどの侵入もまったくみられなかった。これは、ここ数年、林内に停滞水があるため、種子が散布されても発芽の機会がなかったためと考えられる。

一方で、ハリケーン後、水位が低下して地面がある程度乾燥しているような場所では、驚くべき変化が生じていた。ヌマスギ、シュガーベリー、アメリカニレなどの在来樹種の林冠木が残存し、閉鎖している林冠下には外来樹種のナンキンハゼが侵入していた。しかし、暗い環境であるために、個体数も少なく、サイズも著しく小さかった。それに対して、ハリケーンによって大部分の林冠木が破壊され明るくなった区域では外来樹種のナンキンハゼとセンダンの二種が高密度で侵入しており、ヌマスギやヌマミズキなど在来樹種の高木の実生はまったく確認できなかった（口絵76）。高密度の調査区では二〇メートル四方に約一〇〇〇個体のナンキンハゼが所狭しと密生していた。これら二種の外来樹種は先駆樹種の特性を持っており、初期成長は著しく早く、センダンでは二〇〇六～二〇一〇年の五年間で樹高一一メートル、胸高直径一八センチメートルに達していた。一年間で二メートル以上成長していたことになる。両種が同時に侵入した少し小高い乾燥気味の立地では、センダンがナンキンハゼより早い成長を示し、林冠を優占していた。

これらの調査で、在来のヌマスギやヌマミズキの湿地林が破壊された後に、外来樹種であるナンキンハゼやセンダンが急速に分布拡大していく過程が明らかになった。ナンキンハゼはアメリカ合衆国に一七七〇年代に園芸植物として導入された後、自然の森林生態系の中で分布を広げてきた。二〇一〇年（103ページのコラム参照）に調査した地域ではないが、ハリケーンの影響をそれほど受けていないヌマスギの湿地林においてもナンキンハゼが侵入している様子が観察された。

現地を訪れる前には、ハリケーン「カトリーナ」による大規模攪乱が新たなヌマスギの更新を引き起こすのではないかと予想していたが、ハリケーン後には外来樹種であるナンキンハゼやセンダンが大規模に更新していた。水辺域においては大規模攪乱が在来種の新たな更新を促進することがこれまでの研究で確認されてきたが、すでに外来樹種が侵入している地域においては埋土種子が蓄積されており、攪乱によって外来樹種の爆発的な分布拡大を引き起こす可能性が示された。

第7章　水辺林への侵入者ハリエンジュ

1　ハリエンジュとは

ハリエンジュは、別名ニセアカシアという。よく、アカシアと呼ばれているが、アカシアは別の樹木である。西田佐知子が歌ってヒットした「アカシアの雨がやむとき」や食品としての「アカシアの蜂蜜」で知られているアカシアは、ニセアカシアを意味している。この樹木は、外国から導入された外来樹種である。アメリカ合衆国のアパラチア山脈やオザーク台地原産のマメ科の落葉高木で、樹高二〇メートルになる先駆樹種である。葉は互生で三センチメートルほどの楕円形の小葉が集まった奇数羽状複葉である。開花は五月頃で、甘い香りの真っ白な総状花序をたくさんつける（口絵77）。花をてんぷらにして食べると美味である。果実は八センチメートルほどの豆果で一〇月頃に熟し裂開して種子を散布する。原産地のアパラチア山脈周辺の森林では、たびたび山火事が起こり、ハリエンジュはその後に出現してくる。北米では種子発芽が山火事に依存している植物が多く、ハリエンジュの種子も山火事の熱刺激が発芽を促進すると考えられている。

2　世界的には有益な樹木でもある

ハリエンジュは、一六三六年にアメリカ合衆国からヨーロッパに伝わり、日本へは津田梅子の父である津田仙が一八七三年のウィーン万国博覧会に出席した際に種子を持ち帰ったとされている。アフリカ、アジア、オーストラリア、南アメリカなど世界中に広く分布を拡大している。ハンガリーではハリエンジュは早生樹として他の樹種よりも多く植林され、森林の二三パーセントを占めている。ハンガリーにおいては、ハリエンジュ林は一八八五年にはわずか三万七〇〇〇ヘクタールであったが、一九三八年には一八万六〇〇〇ヘクタール、二〇一四年には国内の森林の二三パーセントを占める四六万ヘクタールまで増加した。ルーマニアも一九二二年には二万八〇〇〇ヘクタールであったが、二〇一四年には森林面積の四パーセントの二五万ヘクタールまで増加した。この両国でハリエンジュの材の利用用途は、エネルギーとしての薪、鉄道の枕木、ぶどう園の支柱、樽、建物の柱、家具などと幅広い。そのために、侵略的外来樹種という取り扱いはされていない。

ハリエンジュの人工林は一九五八年にはハンガリーで最も多く二〇万一〇〇〇ヘクタールであったが、一九八六年には韓国が最も多く一二一万七〇〇〇ヘクタール、中国一〇〇万ヘクタール、次いでハンガリーが二七万一〇〇〇ヘクタールとなっている。韓国では燃料、砂防・治山、飼料として、中国ではこれらの用途に加えて工業用木材として利用されている。北米をはじめフランス、ハンガリー、ルーマニアなどでは蜂蜜の蜜源として利用されている。

3 問題化するハリエンジュ――景観・生物多様性・河川管理

日本にハリエンジュが導入されてから一五〇年が経つ。日本に持ち込まれたハリエンジュは、街路樹、砂防樹種や海岸防災林として日本中で植栽された（口絵78）。当初は、街路樹として植えられたが、長野県松本市の牛伏《うしぶせ》川の荒廃地で初めて緑化に使われ、秋田県の小坂銅山や栃木県の足尾銅山の荒廃地緑化にも使われた。その後、北海道から九州まで広範囲で植栽され、現在ではほとんどの都道府県に分布している。主として上流域に植栽導入されたハリエンジュは、その後、中下流域まで分布を拡大し、河畔林の林分構造を大きく変えてきただけでなく、景観や生物多様性にも影響を及ぼしている。ハリエンジュの根系は浅く、樹高が高くなってくると根返りを起こしやすくなる（口絵79）。それで、その個体が枯れるわけでもなく、倒れた幹の枝が成長して藪のような群落構造になることもある。ただ、生物多様性への影響については未解明の部分が多い。一般的にはハリエンジュが侵入すると被陰やアレロパシー、マメ科と共生する根粒菌の働きによる窒素過多などによって、他の植物を排除すると指摘されている。そのために、二〇〇二年に日本の侵略外来種ワースト一〇〇に選定され、二〇一五年に作成された「我が国の生態系等に被害を及ぼすおそれのある外来種リスト」に「適切な管理が必要な産業上重要な外来種（産業管理外来種）」として選定された。

ハリエンジュが他の植物にどのような影響を与えているかを明らかにするために、レタスの幼根や胚軸の伸長に与える影響を調べた結果、強いアレロパシー活性が認められている。特に春の新芽と、真夏の葉に昆虫の産卵や食害のあった葉で高い活性が示された。多くの植物で春の新芽にアレロパシー物質が高いことが知られている。ウルシにかぶれやすい人が春先にウルシを見ただけでかぶれると言われているが、これはウルシに含まれているウルシオールが空中に発散しているからだと思われる。また、食害のあった葉で高い活性が示されたのは、被食によるストレスで植物の害虫抵抗性を高める物質が増加したからだと考えられ、最近明らかになってきた植物の匂いを介した植物間コミュニケーションの可能性も示唆される。また、ハリエンジュが他の植物に与える影響を調べた結果、コマツナギ・メドハギ・ススキなど丸石河原に生息しハリエンジュ林に少ない植物はハリエンジュに対する耐性が低い一方で、ハリエンジュ林の林床に生育するチガヤ・ヤブマメ・オオアレチノギクはハリエンジュに高い耐性を持つことが示されている。また、ハリエンジュから出る物質によってハリエンジュ自身の生育も阻害されることから、自家中毒作用の存在も示唆されている。

一方で、ハリエンジュは在来樹種を駆逐しているという明瞭な結果がみられない報告もある。北海道のハリエンジュ人工林とシラカンバ人工林で下層植生を比較したところ差がなく、ハリエンジュの人工林内には多くの在来広葉樹の侵入がみられた。林床にはフクジュソウなど絶滅危惧種を含む多くの在来植物がみられただけでなく、外来植物は少なく、侵入した在来樹種は林齢とともに成長を続けていた。また、林内にはハリエンジュの稚幼樹はみられず、これらの広葉樹が成長して将来的には置き換わっていくと考えている。

4 ハリエンジュの驚くべき生活史

種子発芽

ハリエンジュの種子は硬く、不透水性の種皮が発達しており硬実種子と言われている。しかし、ハリエンジュの種子の発芽実験を行うと、無処理でも二、三日後に吸水し発根しはじめる非休眠種子がある一方で、まったく吸水を行わない休眠種子がある（口絵80）。この二種類の種子に形態的な違いはないことから種子異型性を持つとされている。これらの種子のうち、非休眠種子は八月頃の種子散布初期に多く、それ以降は休眠種子が多い。このことは、ハリエンジュの種子は結実後の時間経過によって種皮内部の構造が変化することを示している。休眠種子は土壌中で埋土種子となり、数十年間は休眠することが指摘されている。二〇一四年に採取したハリエンジュの種子を濡らしたろ紙を敷いたシャーレの中に入れ二〇度の定温状態で保ちつづけているが、二〇二四年になっても発芽する種子がみられる。このように、ハリエンジュは二つのタイプの種子を生産することによって、分布拡大と将来への保障という二つの戦略をとっている。ただ、この休眠種子と非休眠種子に遺伝的な違いがあるのか、それとも非休眠種子は種皮に何らかの物理的傷害を被ったために吸水・発芽するようになっ

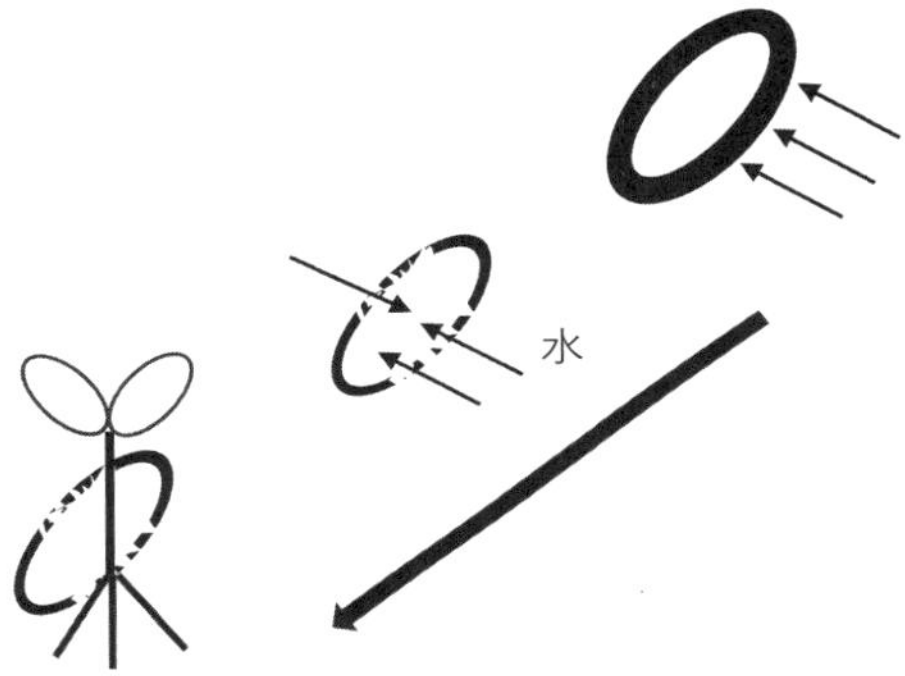

図 40　硬実種子の発芽メカニズム――ハリエンジュの種子には種皮が水を通さない硬実種子が含まれる。この種子は落果後すぐには発芽せず、洪水の際に砂礫とともに流されながら種皮が摩擦で傷つき水を吸収できるようになる。流れ着いた砂礫地で水を吸収した種子が発芽する。

たものなのかはまだ明らかになっていない。

自然分布しているアメリカでは、種子発芽は山火事によって誘発される。実際に林床の火入れを行って、ハリエンジュの種子の生存と発芽促進について実験してみた。

地表面と地下三センチメートルにハリエンジュの種子を設置して、火入れを行った場所と行わなかった場所で種子の生存率と発芽率を比較してみた。火入れを行った場所で地表面に設置した種子では種子そのものが燃焼してしまったために生存率が低かったが、燃えなかった種子の発芽率を比較すると、火入れを行った種子のほうが高い発芽率を示した。地下三センチメートルに埋めた種子では、双方にこれらの差はみられなかった。

ハリエンジュが導入された日本においては、河川によって運搬された種子が発芽することが示されている。種子発芽の季節は一定せず、河川で洪水が発生した後に、土砂とともに流されてきて河川敷の砂地で発芽することが確認されている。これらは、上流で蓄積されていた休眠種子が洪水の際に土砂とともに下流に流されて、種子の表面に傷がつき発芽可能となったためと考えられる（図40）。

これを確かめるために、ポリエチレン製の容器の中に土砂と水を混ぜて振とうさせた。振とう時間の長さとともにハリエンジュの発芽率が上昇し、八〇パーセントほどの種子が発芽した。日本では山火事の頻度は非常に低く、特にハリエンジュが導入された河川沿ではほとんど発生しない。その一方で、梅雨期や台風による集中豪雨で頻繁に洪水が発生し、これがハリエンジュの更新拡大の大きな原因となっていると考えられる。

種子散布

ハリエンジュの種子は重力散布で樹冠下に落下するだけでなく、莢《さや》ごと風や水によって散布されている。莢ごと落ちた場合には、冬季に雪上を風によって移動する二次散布も確認されているし、莢果が裂開しないまま河川の流水によって水散布されることもある。また、ハリエンジュの発芽が、季節にかかわらず洪水の後に砂礫地で発芽定着していることも、種子が土砂とともに流水で散布されてきたことを示している。

実生の成長

種子の発芽後（口絵81）、ハリエンジュの実生の成長は発芽した年はせいぜい一〇センチメートル程度であるが、翌年には一メートルを超え、二、三年後からは急速な成長を示し、三〜四年後には開花結実するようになる。その後の樹高成長は著しく早く、初期成長では一年間に一メートルほどの成長を示した。この早い成長は、葉の光合成速度の高さに起因していると考えられる。明るい林外に生育するハリエンジュの光合成速度は、樹木の中でも特に高いとされるドロノキやダケカンバより高い値を示している。一方、光制限のある林内の暗いところでの成長は大きく抑制され、生存率も非常に低くなる。

ハリエンジュは他のマメ科の植物と同じように根に根粒を形成し（口絵82）、窒素固定を行う根粒菌と共生することで空気中の窒素を利用している。河川の砂礫地のように貧栄養な場所でも比較的早い成長を示すため、肥料木として海岸などの貧栄養地の土壌改良のために植栽されてきた。ただ、滞水や冠水には比較的弱く、実生は数日間の冠水で枯死し、根系が水に浸かっているような場合は根粒をほとんど形成しない。

栄養繁殖

ハリエンジュの栄養繁殖能力は著しく高い。一般に多くの樹木は幹を伐採した後に切り株から萌芽を発生させる。昔から維持されてきた里山を構成するコナラ・クヌギ・エゴノキ・ヤマザクラなどは二〇年程度の比較的若齢の段階で伐採を繰り返して燃料や薪炭のため利用されてきた。ハリエンジュも同様に伐採によって切り株から萌芽を発生させるが、その他に、シウリザクラ・シンジュ（ニワウルシ）・ヌルデやアメリカブナなどの樹木と同様に広く張り巡らされた水平根から根萌芽を自然発生させ栄養繁殖することが知られている。

ハリエンジュの根萌芽の発生は水平根が伸長するとともに生じる。特に物理的なストレスなどがなくても発生している。河川沿いのハリエンジュの群落では、外側に行くほど樹高が低くなっているのを見かけるが、これは水平根が周囲に伸びていってそこから次々に根萌芽を発生させているからである（口絵83）。ストレスがなくても根萌芽を発生させるハリエンジュであるが、伐採などの刺激が加わると、切り株だけではなく水平根からも一斉に大量の萌芽を発生させる。多い場合には、一本の個体から一〇〇本ほどの根萌芽を発生させることもある。このように、根萌芽で次々と繁殖していくので、ハリエンジュの群落は巨大なクローンである場合が多い。

栄養繁殖というと樹木の枝の挿し木を思い浮かべる。ツツジやヤナギ類では多くの種類が挿し木によって増殖が可能である。ヤナギ類などは切り枝を水につけておくと根が発生するほど発根能力が高い（51ページ図13）。また、枝が河川を流れてきて下流で発根して成長することも確認されている（51ページ図14）。萌芽能力の高いハリエンジュではどうであろうか。ヤナギ類のように枝を切り取って水につけておいてもまったく根が発生することはなかった。また、土壌に挿し木を行っても新梢《しんしょう》を発生することはあっても根を発生させて成長しはじめることはなかった。このことから、ハリエンジュの栄養繁殖能力は根系に限られていると考えられる。

コラム　ハリエンジュ（ニセアカシア）との出合い

私が埼玉県の林業の研究機関に勤めていた一九九六年に、埼玉県秩父農林振興センターの林業振興部の方から、上流域で外来樹種ハリエンジュの伐採を行うので伐採後の経過について調査を行ってもらいたいと依頼を受けた。さっそく伐採前に現場で森林の状態と光環境などを計測し、伐採後に同様の調査を行った。ハリエンジュは根萌芽を発生させて栄養繁殖することが知られていたが、案の定、大量の根萌芽が発生した（図41）。その後毎年、発生した萌芽の生残などを調査して、下層に自然の植生がある場合は、それらの成長によって萌芽の成長を抑制できることが明らかになった。

研究のチャンスは意外と次々にやってきた。二〇〇一年に東邦大学大学院生の福田真由子さんから、荒川の中流域でハリエンジュの更新の研究を行いたいという申し出があった。これまでは上流域の天然林に目がいっていたが、上記の調査で、ハリエンジュに興味が湧いてきたところだったので、さっそく共同研究を行うことにした。毎月のように通って調査したことで、ハリエンジュが洪水の後に発芽することを突き止めた。このメカニズムを実験で確かめる必要があったが、ちょうど荒川流域の研究を立正大学と共同で進めていたので、川西基博博士らとハリエンジュの発芽試験を行い、洪水の土砂によって流されてきた種子の表面に傷がついて吸水が可能になり発芽できることが明らかになった。

図41　ハリエンジュの根系――水平根から発生した萌芽が新たな幹となる。

頑張っている研究しているといろいろな研究者とのつながりができてくるもので、現在、秋田県立大学で樹木の遺伝を研究されている木村恵博士とともに荒川の上流域から下流域までのハリエンジュの葉のサンプリングを行って、同流域のハリエンジュの遺伝子解析から、下流域の個体群は上流域から流された種子によるものであることを明らかにした。

これらの研究の連鎖は自然発生的に生じたものではない。こまめな学会発表、研究会の開催や論文の執筆から生まれた果実である。

5　分布を拡大させた日本の河川管理

ハリエンジュが日本で分布拡大してきた背景には人為の影響が非常に大きい。河川上流域の荒廃地の緑化のために砂防・治山事業で植栽されてきたこと、鉱山の採掘跡地の緑化、また海岸林を造成する際の肥料木としてクロマツと混交植栽されてきたことなどが挙げられる。特に河川の上流域での植栽は、ハリエンジュの分布拡大に大きな影響を与えてきた。ハリエンジュの種子は比較的大きく、大部分は樹冠下に重力散布する。風散布も知られているがそれほどの長距離散布は行わない。しかし、河川を通しての流水散布は山の中から海岸まで遠距離散布される可能性がある。埼玉県の荒川の上流域である秩父地方から下流域の浦和周辺までのハリエンジュの葉緑体のハプロタイプを比較したところ、上流域で植栽されたハリエンジュが持つ多くのハプロタイプが下流でも確認され、種子が上流から流水によって散布された可能性が示された（図42）。

また、多くの河川のハリエンジュの分布を比較してみると、明らかに分布している河川と分布していない河川にはっきりと分かれている。上流域に植栽されたことが確認されている河川では下流域までハリエンジュが分布するのに対して、未植栽の河川ではほとんど確認できない。

次に、ハリエンジュが持っている独特の繁殖特性である。一つは毎年大量の種子生産を行い、その多くの種子を埋土種子として地中に蓄積していることである。種皮に傷がつかないと発芽しない硬実

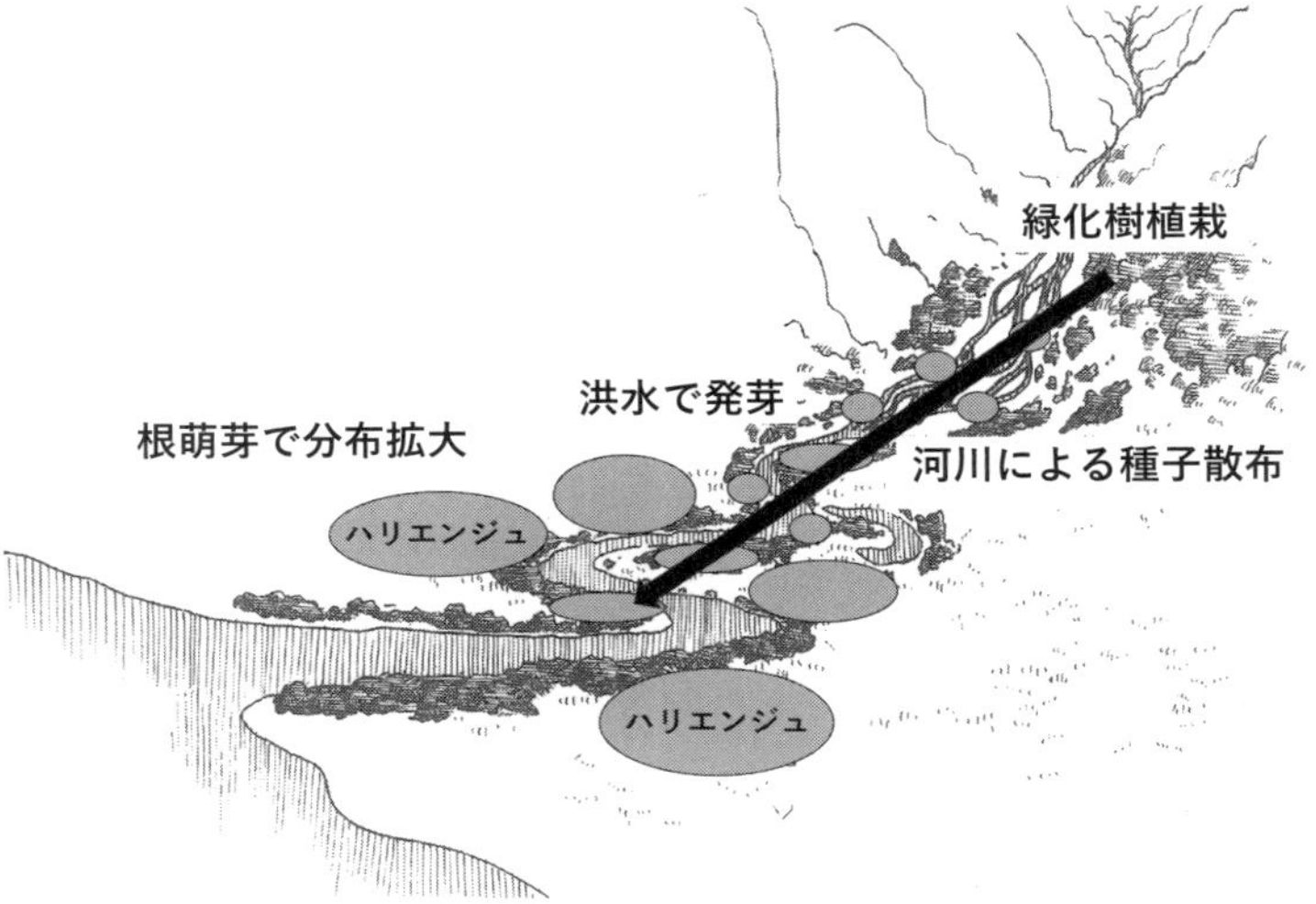

図 42　河川流域におけるハリエンジュの分布拡大機構——上流域に緑化で植栽されたハリエンジュから洪水の際に種子が下流に流され、発芽定着して根萌芽による栄養繁殖で分布を拡大してきた。河川管理のためのハリエンジュの伐採が、根萌芽発生を促進し分布の拡大に拍車をかけたと言える。

種子を生産するハリエンジュは、毎年大量の種子を土中に蓄積しつづける。これらの種子は土壌が攪乱された場合や、洪水などで種皮に傷がついた時に発芽しはじめる。

洪水によって下流に散布された種子は、堆積した新たな砂礫地で発芽し、非常に早く成長する。それとともに、地表面下に水平根を張り巡らせ、根系から根萌芽を発生しつづける。それによって巨大なクローン群落を形成しながら、発芽から数年後には開花結実を始め、埋土種子を蓄積していく。これらの種子が洪水によってさらに下流に運搬されて、流域全体に分布を広げていくのである。

この分布拡大を助長したのが日本の

図 43　只見川滝ダムの浚渫土砂の処分置場――ダムの浚渫によって発生した土砂の処分置場で発芽し成長しているハリエンジュの稚樹(左の濃い緑の木)。ハリエンジュの埋土種子はこのような工事土砂の移動によって発芽が促進される。

河川管理であった。二〇世紀までの河川管理は治水と利水を目的として行われ、大都市の上流域には治水、水資源、電力開発を目的とした巨大な多目的ダムが建設された。この河川開発によって流量調整が行われ、河川流量の変動や川床の流路変動や微地形変化も少なくなった。また、戦後の高度成長時代には建設資材としての砂利採取が行われた。これらの河川利用によって、河川の流路変動がなくなり流路が固定されることで、流路の深掘りが進行した。そのために砂州の島状化や高水敷《こうすいじき》化が進行して、堤外（河道内）の樹林化が加速された。ハリエンジュの分布拡大はこれらの樹林化を加速させた。また、ダムの浚渫《しゅんせつ》によって発生した土砂の処分置場などでもハリエンジュが発芽し成長している。このような工事土砂の移動によってもハリエンジュは分布拡大を行っている(図43)。

一方で、河川管理の上で流水の障害となる堤外の樹木の伐採が日常的に行われた。この管理によって根萌芽の発生能力の高いハリエンジュの分布拡大がいっそう加速された。一年に一回の伐採では、ハリエンジュの根萌芽の量は毎年同じだけ発生しつづけるので、ハリエンジュを除去するどころか、周囲への根萌芽の分布の拡大を促進しているようなものである。河川の動態が自然の状態に戻らない限りは、河川生態系からハリエンジュを除去することは困難であろう。

6 ハリエンジュとの攻防戦

上流域での樹種転換

埼玉県の荒川の上流域には砂防や治山事業の山地緑化のため、戦後多くのハリエンジュの苗木が植栽された。一九九六年に施業試験を行った渓流の周辺は、ブナ帯下部の標高五五〇メートルに位置し、広範囲にわたってスギやヒノキの人工林になっている。これらの人工林は戦後の拡大造林によって植林されたと考えられ、それ以前はそこでは、薪炭林として落葉広葉樹の伐採が繰り返されていたと思われる。渓流には拡大造林に伴って治山工事による堰堤が設置されていた。ハリエンジュはその治山工事に伴って植林されたと想像できる。ハリエンジュはすでに樹高二〇メートル近く成長して林冠木

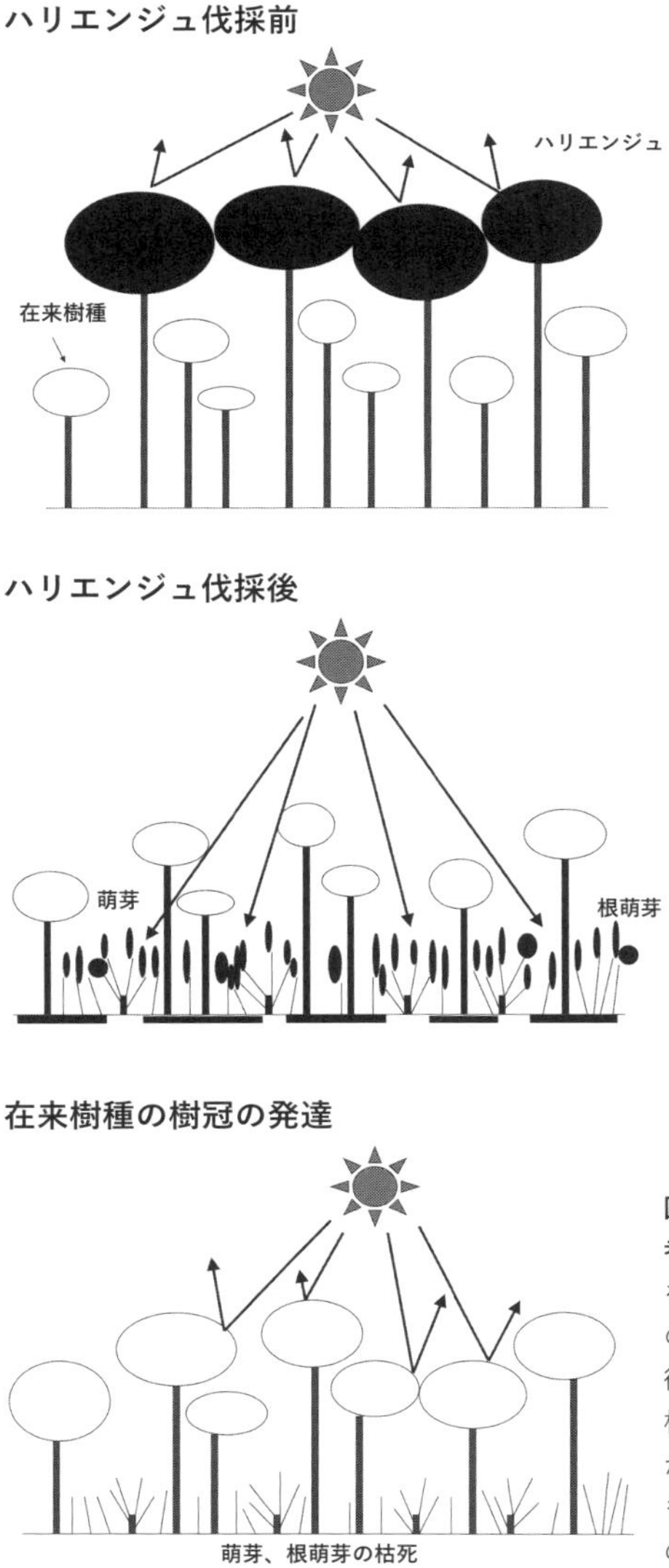

図44　上流域での樹種転換の考え方――在来樹種が中低木層を構成している場合は、林冠木のハリエンジュを伐採する。直後からハリエンジュの切り株や根系から多くの萌芽が発生するが、在来樹種の枝葉の展開とともに光が遮られ、ハリエンジュの萌芽は枯死する。

を形成しており、亜高木層や低木層には在来樹種の落葉広葉樹が成長している。フサザクラやオオバアサガラなどの先駆樹種だけでなく、カツラ、サワグルミ、トチノキなどの渓畔林を構成する遷移後期樹種が成長を始めていた。その他には、イタヤカエデ、ミツデカエデ、イロハモミジなどのカエデ類、そしてミズキ、キハダなどの高木の稚樹、二次林に多く出現するアブラチャンやヤマグワなども混交していた。ここでの施業の考え方は、次のとおりである。

ハリエンジュを伐採して、すでに亜高木層や林床に定着している在来樹種の稚樹を成長させて樹種転換を図る（図44）。ハリエンジュの伐採によって切り株はもちろんのこと、周囲に張り巡らされている根系からも大量の根萌芽が発生する。しかし、林冠木を形成しているハリエンジュが除去されることによって林床の光環境が改善するために、渓畔林樹種で形成されている中下層木が成長し樹冠をふさぎ、被陰に弱いハリエンジュの萌芽枝は次第に枯れ、個体そのものも枯死していく。

ハリエンジュ伐採前の一九九六年九月に調査地内の樹木の樹種同定を行い、胸高直径と樹高を測定した。また、ハリエンジュ林内の光環境を林内相対照度の測定および魚眼レンズによる全天空写真によって把握した。林内相対照度というのは、林の林冠の上に差し込んできた太陽の光を一〇〇パーセントとして、そのうち何パーセントが林内に到達するのかという値である。

この調査地内では、伐採前にはハリエンジュの幹の地際や林床には根萌芽はまったくみられなかった。林分が閉鎖して暗いので、萌芽が発生したとしても光不足ですぐに枯死していたことが原因と考えられる。翌年二月に調査地内のハリエンジュをすべて伐採した後、切り株や水平根から大量の根萌芽が発生した。ハリエンジュの伐採は一〇個体であったが、伐採したすべての個体から切り株からの萌芽と根萌芽をあわせて伐採木一本につき平均五〇本の萌芽が発生し、最も多い個体では九七本の萌芽が発生した。しかし、これらの萌芽は発生翌年から枯死しはじめ、一九九九年からは急激に枯死し一個体あたり二〇本以下に減少し、二〇〇三年にはすべての萌芽と個体が枯死した。

こうした萌芽の減少や個体の枯死は、中下層木の在来樹種の樹冠の発達に伴う光の減少に対応していた。ハリエンジュ伐採前の林内相対照度は七・六パーセントであった。ハリエンジュ伐採後の一九九七年には大きく空がひらけ、一六・四パーセントに増加したが、在来樹種の樹冠の発達によって、二〇〇一年には伐採前の値にまで減少した。

本施業試験のようにハリエンジュ林に在来樹種が中下層木として混交する渓畔域では、ハリエンジュを伐採することによって比較的短期間でハリエンジュを除去できることが示された。しかし、ハリエンジュは休眠性のある硬実種子を生産するために、土中にはすでに多くの埋土種子が存在していることが予想される。もし今後、山腹崩壊や土石流などの自然攪乱が生じれば、埋土種子が一斉に発芽し、新たなハリエンジュ林を形成する可能性は十分に考えられる。また、洪水の際にはこれらの埋土種子が土砂とともに下流に流され、種子の供給源になることも考えられる。

巻枯らしによるハリエンジュの除去

樹木を枯死させる方法としては伐採が一般的である。しかし、大きな樹木の伐採にはチェーンソーなどの林業機械が必要になり、その取り扱いには危険が及ぶ。樹木は毎年肥大成長し、冷温帯では毎年年輪を形成している。その成長する形成層は幹の一番外側に位置している。樹木の中心部は木部という死んだ細胞で形成されている。そのために、一番外側の形成層を剝ぎ取ってしまえば、樹木は枯死する。この特徴を生かした施業方法が巻枯らし、もしくは環状剝皮である。萌芽発生能力の低い針葉樹などの樹木を巻枯らしする場合には、地際で行えば問題なく枯らすことができる。一方、ハリエンジュのように根萌芽を発生しやすい樹木では、地際で巻枯らしを行えば、周辺に広がっている根系からの根萌芽の発生を誘発する。そこで、以下のような考えでハリエンジュの除去について検討した。

巻枯らしを地上一メートル以上の位置で行い、地際と巻枯らしを行った位置の間の幹からの萌芽の発生を誘発させる。これによって、根系からの根萌芽の発生を抑止する。幹に発生した萌芽枝を繰り返し取り除くことで樹勢を衰えさせて枯死させる。埼玉県の荒川の中流域の高水敷に分布するハリエンジュ林で施業試験を行った。

二〇〇六年の六月にハリエンジュの幹の地上一メートルから一・三メートルの範囲にある幹の全周囲の樹皮および形成層を鉈で剝ぎ取った（口絵84）。六月に巻枯らしを行った理由は、この地域ではハリエンジュの開花は五月上旬から中旬で、その後、六月にかけて葉が展開されるので、地下に貯蔵されていた栄養分の大部分が地上の花や葉の形成のために使われるのが六月と判断したからである。そうすることによって、根系の養分を消費させた後に、発生する萌芽の量を減少させることができると考えた。対象とするハリエンジュの個体の幹から発生した萌芽を取り除く間隔を、一か月、二か月、三か月、六か月、それに萌芽を取り除かない五グループに分けて施業試験を行った。

巻枯らし後、一週間程度でハリエンジュの林冠部の葉が褐変しはじめ、巻枯らしを行った幹の下部から一斉に萌芽が発生しはじめた。地下の水平根からの発生根萌芽は、幹から出た萌芽を含めたすべての萌芽の一〇パーセント程度と少なかった。地際から伐採した場合は、根萌芽の割合は七七パーセントであったから、巻枯らしによって根萌芽の発生を大きく抑制することができたと言える。すべての処理区で三年間は萌芽が発生しつづけながら、発生萌芽数は急激に減少した。一方で、萌芽を取り除かないコントロール区は大部分の個体が萌芽を出しつづけた。最終的には萌芽を取り除く間隔は、個体の生存数にはそれほど影響していなかった。三年目以降はどの処理区もほとんど生存数が変化しなかったが、これは多分すべての個体が根でお互いにつながっているクローンであるために、さまざまな処理区の個体で、特にコントロール区の個体から養分が供給されている可能性が考えられた。そこで、つながっていると考えられる地下の根をノコギリで切断したところ、コントロール区の個体を除いて大部分の個体の枯死を確認することができた。

この施業試験結果からは、巻枯らしによる萌芽の除去は、一年に二回程度行えば十分で、林分全体の個体に対して巻枯らしを行えば効率的にハリエンジュを除去できる可能性が示された。ただ、枯死後、立ち枯れたハリエンジュの幹がいつ倒れるかわからないために、入林を規制する必要がある。もう一つの選択肢としては、巻枯らしをせず、地上一メートルぐらいで伐採して、その後、発生した萌芽を除去するという方法も考えられるが、これには高度な伐採技術が要求される。

図 45　ハリエンジュの刈り取り——年１回の刈り取りでは、毎年同じ量の萌芽が発生してくる。つまり、年１回では毎年リセットされて、刈り取る意味がほとんどないということである。

刈り取りによるハリエンジュの除去

刈り取りは、これまで行われてきた代表的な施業方法であるが、計画的な刈り取りは行われておらず、根萌芽の発生により、かえって分布域の拡大を誘発してきた。巻枯らし施業を行った林分に近い河川敷で、一年にどれだけの頻度で刈り取りを行えばハリエンジュが除去できるのかを検討した。力ずくで行う方法と言うことができる。一年間に一回（六、八、一〇、一二月のいずれか）、二回（六、八月に刈り取り）、三回（六、八、一〇月に刈り取り）刈り取りの施業区を設けて発生してくる萌芽枝の量を比較検討した。

幹から発生してきた萌芽や根から発

生した根萌芽をすべて鋸や鉈で地表面から刈り取った（図45）。最初はすべての区画で一月に刈り取った後、その年の六月以降に刈り取りを開始した。六月にはすでに萌芽の樹高は二メートルを超えるまでに成長していた。

一年に一回の刈り取りでは、管理三年目以降も萌芽の発生量は一年目と変わらなかった。つまり、年一回では毎年リセットされて、刈り取る意味がほとんどないということである。年二回刈り取りでは三年目に生重量で一〇パーセントにまで、五年目には三パーセントにまで減少した。年三回刈り取りでは三年目に五パーセント程度に、五年目には一パーセントにまで減少した。

ただ、本調査地では在来樹種の稚樹などがほとんど分布せず、明るくひらけているために、いったん作業を停止したら、ハリエンジュが再生してくる可能性は非常に高い。このことから、ハリエンジュ除去のための施業を延々と続けなければならないかもしれない。ハリエンジュとの攻防戦はまだまだ続きそうである。

第8章　どのように水辺林を再生し復元するか

水辺林の保護・保全や再生・修復の方法は、その水辺林の現状や過去に存在したであろう状況によってさまざまである。本章では、二〇〇一年に渓畔林研究会のメンバーの熱い議論によって出版された『水辺林管理の手引き——基礎と指針と提言』[*5]を参考にその手法について解説する。

1　「原生流域」をモデルにする

原生的な植生の残存に関しては、流域レベルで植生が残存する場合、水辺植生が河川に沿って残存する場合、林分レベルで孤立して残存する場合がある。いずれにしても、これらのような原生もしくは原生的な流域環境は、現在の日本列島には限られた地域にしか存在しない。これらの原生的な流域・支流域の水辺林は、日本の自然環境の本来の姿をとどめるものとして、将来の水辺環境再生事業のモデルや再生の核となる重要な地域である（口絵85）。また、水辺再生事業における種子や苗木など更新材料も含めた遺伝資源を提供するとともに、これまでに知られていないさまざまな科学的知見をもたらすものとして価値が高い。これらの成熟した水辺環境はそれ自体が貴重であるばかりか、そこを生息地や移動の回廊として利用する野生生物にとっても重要な場所である。そのために、手つかずの原生的な水辺林の資源価値を持続させるためには、流域全体を通じた注意深い保護が不可欠である。現在では、環境省が管理する国立公園や林野庁のさまざまな自然保護管理制度があるが、さらに「原生流域（仮称）」という流域環境を保全する観点で統一・整備された管理制度を設定して保護することを提案する。保護区域の範囲は、河川域、水辺域に限定せず、尾根や山腹斜面を含め流域全体とする。現在は複数の省庁が保護管理制度を設定しており、その境界も複雑で専門家にとっても理解し難い制度となっているからだ。

さまざまな保護管理制度下に置かれている流域面積一〇〇〇ヘクタール以上の流域レベルで原生、および原生的な植生が残存する「原生流域」の場合は、流域環境の観点に基づいて統一・整備された適切な管理制度の下で、厳密に「原生流域」として手をつけずにそのまま保護する。保護管理制度下に置かれていない流域面積一〇〇〇ヘクタール未満、数〜数百ヘクタール規模の原生、および、原生的な支流域についても、「原生支流域」として、統一的かつ適切な管理制度の下で、「原生流域」に準じた取り扱いを行うべきである。

周辺の森林植生が二次的な林分構成であっても、原生的な水辺植生が河川に沿って連続的に残存する場合には、保護区域の範囲はこの河川部分だけの保護に限定せずに、尾根から山腹斜面や水辺域全体を含む流域レベルで設定する。たとえ、流域、もしくは、支流域全体の景観スケールで見た場合に一部が造林地や二次林など人為の影響が大きい地域でも、水辺域に限って見れば原生的、あるいは、自然度の高い原生的な水辺植生、および、水辺環境が残っている場合には、水辺林の連続性を確保しながら、流域・集水域全域の自然度を高めていくような積極的な保護措置が必要である。

中流域、低山帯では、自然度の高い老齢な水辺林は、小面積の林分すらほとんど残っていないが、林分レベルで原生的な水辺植生が孤立して残存する場合は、たとえ数ヘクタール（〇・一～一〇ヘクタール）程度の小面積林分であっても、将来の水辺林の再生の核を担い、かつ、更新材料を供給しうる重要性を持つため、早急に保護しなければならない。このような場所では、集水域レベルで人工林の造成や治山砂防事業など人為的影響によって、河川の流路構造や攪乱体制が著しく改変されていることが多い。水辺の植物生育環境が自然状態と異なってきている場合には、残存する水辺域植生も衰退していくと予測される可能性が高いことから、本来の河川流路構造や攪乱体制を回復させる処置を検討する必要がある。そして、島状に点在しているこれらの林分の連続性を再生するような保全策をとり、水辺の回廊を取り戻し、流域全体の保全へと拡大していくことが求められる。

以上の三つのカテゴリーの保護区域では、森林管理者は保護区域であるエリアを告知するため、看板の設置などを行う。また、土地利用や開発行為を厳しく規制し、砂防事業・治山事業、森林伐採や林間放牧などの林業行為、道路建設やスキー場・ゴルフ場開発などの大規模な開発、水辺域内への一般車両の乗り入れをいっさい禁止する。また、ハイキング、キャンプ、釣り、野生動植物の観察、川遊びなどのレクリエーションの場としての利用も、野生生物などの水辺域資源に被害を及ぼし、水辺林の生態学的機能を低下させることがないよう十分な対策を立て、規制と監視を行う。加えて、科学的データの必要性や学問的理解の緊急性から、管理主体者は、流域の保全・保護措置を行使する一方で、あらかじめ管理業務の中に、流域の調査・研究業務を組み込んでおくことが望ましい。そのような安定した調査研究体制の下で、水辺域を含む流域生態系の構造・動態・機能に関する基礎的調査とモニタリングを継続的に実施し、管理のための知見を集積する。新たに得られた知見は常に現場の管理指針に反映して活かし、保全・保護計画や修復・再生計画の継続的な改良に資するものとする。このように水辺林の保護・保全や修復・再生の指針を確立するための科学的根拠となる学術的知見は、希少な原生流域や原生支流域から得ていく必要がある。

2　水辺林が二次林の場合

水辺域に成立する二次林には、種組成が本来の潜在自然植生と類似する場合と大きくかけ離れている場合がある。この種組成の違いによって、水辺林の再生に対する取り扱いが大きく異なってくる。水辺域の二次林がすでに高い自然度を持っており、その林分の種組成が、本来その地域に成立する潜在自然植生の水辺林と類似している場合は、そのまま放置し、自然の遷移にしたがって高樹齢の水辺林に導く。この場合は、基本的には水辺林には手を加えず、そのまま推移を見守っていく（図46）。

図 46　岐阜県馬瀬《まぜ》川流域の落葉広葉樹二次林——水辺域の二次林がすでに高い自然度を持っており、その林分の種組成が本来その地域に成立する潜在自然植生の水辺林と類似している場合は、そのまま放置し、高齢林化を図る。

一方、水辺域に成立する二次林が種組成の上で潜在自然植生と異なる場合は、水辺林本来の優占樹種や構成樹種の苗木を植栽することで、将来的に種組成の入れ替えを目指して、徐々に本来の水辺林の種組成に誘導する。ただし、上木の種組成が異なる場合でも、水辺林本来の優占樹種や構成樹種の稚幼樹が林内に多数存在する場合には、自然の推移に任せて更新させるか、部分的に上木を伐採することで光環境を改善して林床の樹種の成長を促進させて樹種交代を促し、水辺林の修復を図る。

3　水辺域まで人工林が造成されている場合

河川や湖沼の水際まで、木材生産を目的としたスギやヒノキの針葉樹で人工林化している場合は（口絵86）、植栽木（針葉樹）を水際に沿って部分的に択伐もしくは列状間伐し、本来の水辺林構成樹種を植栽し、河川に沿った連続した水辺林の再生を目的とする。人工林の林床に、水辺林構成樹種の稚幼樹が多数存在する場合は、人工林を伐採し、光環境を改善して、これらの稚幼樹の成長を促進させる。林床に稚幼樹がみられない場合には、できるだけ近傍から採取した種子から育てた苗木、山引き苗、挿し木などを使用し、遺伝子攪乱が生じないようにする。人工林の伐採にあたっては、稚幼樹や苗木の成長に必要な十分な光環境を確保するために十分な林冠ギャップを確保するとともに、水辺域および水域への影響を考慮し、伐採面積を決定する。水辺林を回復させるべき水辺管理区域が広い場合は、一度に全面積の伐採を行わずに小面積伐採と植栽を時間をおいて繰り返すこととする。

4　水辺域が無立木地の場合

林業活動がさかんで土地利用が進んだ地域の水辺域には、裸地や草地などさまざまな形での無立木地が存在する。使われなくなった林内作業道跡や土場跡、あるいは、治山の資材運搬道跡、治山・砂防堰堤《えんてい》の袖敷などでは、自然状態では十分に植生の回復がみられない場合が多いため（口絵87）、このような場所では、まず、車両の進入を防ぐ措置をとり、その後に、人工植栽か天然更新を促進させるような地がきなどの手段によって、水辺林の再生を図る必要がある。

連続した無立木地の面積が一〇〇平方メートル未満と小さく、周辺に、自然の水辺林構成樹種からなる高樹齢の水辺林が存在し、母樹からの種子の散布が期待される場合は、そのまま放置し、天然更新により自然の遷移の中で、水辺林の再生を期待する。

連続した無立木地の面積が一〇〇平方メートル以上と広く、もしくは、無立木地の周辺に高樹齢の自然な水辺林が存在しない場合は、人工植栽によって水辺林を再生させる。

5　学術研究・文献を参照する

わずかに残された原生的水辺林から得られた森林の構造、動態、生態学的機能に関する学術研究の成果やモニタリング調査は、学問の成果として重要であるだけでなく、水辺林を再生・修復する際のよいモデルとなる。本来その地域に成立する潜在自然植生の水辺林のモデルとしては、近隣の原生流域、原生支流域、原生水辺域、原生林分における水辺林を参考とし、また、『日本植生誌』[*8]各編（宮脇昭編）や各都道府県、各地方の潜在自然植生に関する文献などを参照して、その地域と気候や地質などを同じくする地域の自然林の植物群集を選定し、これを潜在自然植生の種組成とする。

6　二次林の高樹齢化を見守る

放置により二次林を高樹齢化して水辺林の再生修復を図る対象区域の範囲は、種組成の上で類似した水辺域に成立する二次林全体とする。森林管理者は、水辺林再生区域のエリアと再生計画の概要を告知するための看板を設置するなど二次林の自然な高樹齢化を保障する保全措置を行使するとともに、管理業務として再生区域における二次林の構造・動態・機能に関するモニタリングを継続する。その結果、新たに知見が得られたり問題が生じたりした場合は、常に現場の管理に反映し、試行錯誤で改良を図るものとする。再生区域では、水辺管理区域における林業・開発行為の規制に準じて、土地利用、林業行為、開発行為、車両の乗り入れ、レクリエーション利用などを制限し、自然の遷移過程に従って、二次林が高樹齢化すること、および、野生生物など水辺域資源の維持や回復を妨げないように十分監視し、必要な対策を施す。

7　適切な樹種を植栽する

再生修復しようとする対象地周辺の原生的水辺林において相観（植物群落の外見上の様相）を支配している林冠層の構成樹種（高木種）を、優占度の高い順に選ぶものとする。近隣に造林材料となる原生的水辺林がみられない場合、植栽樹種の選択は前出の水辺林のモデルにならう。水辺林の再生・修復の植栽樹種は、このような樹種の中から、造林材料の得やすいものを可能な限り多数種選択することが望ましい。

それぞれの樹種における遺伝的な変異や多様度の地域性に配慮するために、種子、山引き苗、挿し木、埋土種子などの造林材料の採取許容範囲は、自然状態下で遺伝的交流が可能な範囲、すなわち、花粉の送粉範囲や種子の散布範囲とする。実際には、これらの造林材料の採取は、現場の地形的条件を考慮し、なるべく再生修復しようとする小集水域内の隣接地から採取し、それが困難な場合には同一の支流域から採種した造林材料を使用する。また、導入樹種の遺伝的な多様性を確保するために、造林材料が特定の母樹に偏らないよう、種子や挿し穂はなるべく多くの母樹から採取する。

造林材料を採取する供給地は、原則として原生流域や原生支流域に求め、それらが存在しない場合は、自然度の高い近隣の水辺林とする。また、種子を生産している母樹個体ができるだけ多い林分から採取する。採取時期は、それぞれの樹種の結実時期にも規定されるが、供給地において、採取作業による林地の物理的撹乱や野生生物への影響を最小限にするような採取方法、採取時期を検討する。

8　植栽のポイント

原生的水辺林から採取した種子や山引き苗、挿し木などの遺伝子資源を利用して育てた苗木の植栽は、数樹種の混植とし、単一樹種にはしない。生態学的混播法では、先駆樹種から遷移後期樹種までを含む数十種の在来樹種の植栽が提唱されている。優先的に人工植栽を行う樹種の選定基準として、実際の植栽樹種は、このような樹種の中から、造林材料の得やすいものを可能な限り多数種選んでいく。ただし、混植する際にランダムまたは規則的な樹種配置を行った場合は、成長の早い樹種が優占してしまい、他の樹種が消失する可能性があるために（口絵88）、植栽樹種の生態的特性に応じた立地環境を把握した上で、モザイク状に同じ樹種の苗木をまとめたパッチとして植栽することが効果的である。

水辺には土壌、水分、光環境などが異なる多様な立地環境が存在している。人工植栽は、植栽する樹種ごとの実生の更新特性を考慮して、それぞれ更新適地を選定する。ヤマハンノキ、ヤナギ類などは水際の攪乱頻度の高い日当たりのよい場所に植栽する。水際の比較的暗い場所にはシオジやトチノキなどの耐陰性の高い樹種を導入する。光の当たる斜面にかけては、サワグルミやケヤキなどを植栽する。また、必要に応じて地がきなどを行って地表面の落葉を除去して、散布された種子の発芽を促進するなどの補助作業を行うことも重要である。

植栽後の保育は通常の人工造林法に準じて、下刈りやつる切りを行うが、できればこれらの保育作業は施さず、できるだけ自然の遷移に任せた管理方法がコスト的にも効果的である。ただし、治山・砂防ダムなどの人工構築物や隣接する無立木地の存在、過去の土地利用や恒常的な入林者による損傷・踏圧などによってもたらされる、大気、土壌、河川立地環境が不自然な環境圧（建物による被陰、一方向からの強風、過湿・乾燥・土壌圧・養分などの土壌条件、流水・停滞水・水没などの水分条件、草本の繁茂など）が、樹木の更新、定着、成長の阻害要因になっている場合には、必要に応じた保育管理を行うことを検討する。

9　再生を促す間伐のコツ

河川の左岸・右岸の両側において、水辺林を回復させる必要がある場合は、両側の二次林や人工林を同時には伐採しないで、片岸ずつ伐採を行う。二次林や人工林の隣接地に良好な水辺林が存在する場合は、部分的な伐採と地がきなどの更新補助作業による天然更新を考える。この際、隣接人工林での強度間伐と更新補助作業によって林分内に更新稚樹を蓄積し、その後、残りの人工林の樹木を伐採する更新法を検討する。

間伐の方法は、林床植生の繁茂の程度や水辺林を構成する実生や稚樹の分布具合などから判断する。実生や稚樹が多く分布しており、林床植生が豊かで山腹斜面から土砂流出などの影響が少ないと判断される場合は、河川に沿って帯状に皆伐して実生や稚樹の成長を促す。この場合も、両岸を一度に伐採するのではなく、片岸を伐採してから水辺林の再生が始まるのを見届けて、もう一方の岸の伐採を行う。そうすることで、早期に水辺林を再生することが可能となる。

一方、スギの人工林などで水辺林を構成する実生や稚樹がほとんどなく、林床植生が貧弱な場合は河川に沿って択伐を行い、水辺林を構成する樹種の苗木の植栽を行う。そして、これらの苗木が活着し成長しはじめ、林床植生が地表面を覆った段階で、残っているスギを伐採する。

10　再生修復後のモニタリングは欠かせない

水辺林の再生修復事業は、植栽や間伐など初期の施業で完結するものではない。水辺域は、環境が多様であるばかりでなく、その変化も多様である。土砂の移動や洪水など自然攪乱による地形変動がたびたび発生する。また、近年、大きな問題となっているニホンジカによる水辺林への影響も見逃せない。管理主体者は、再生修復した水辺林の構造・動態・機能に関するモニタリングを定期的に行い、その状態を常に把握しつつ、新たな知見が得られたり問題が生じたりした場合は、常に現場の管理に反映し、試行錯誤で改良を重ねるという適応的な対応をする必要がある。モニタリングを行うにあたっては、再生修復した際に植栽木の直径や樹高などのサイズや空間配置、林床植生の植物種や被度、光や土壌などの環境要因などを記録しておき、数年間隔でこれらの項目を継続的に測定し、当初、目指した水辺林に向かって変化しているかどうかを確認していく。また、このような詳細なモニタリングの他に重要なことは、たびたび事業場所を訪れて、その景観的な変化を実際に見て確認していくことである。この時に細かな測定は必要ではないが、目立った変化などがないかを目視で観察していく。その際には、数か所の定点からカメラやビデオで景観を撮影しておくとよい。

11　水辺林の自律性を取り戻すには

水辺林修復・再生計画の目標は、人為、あるいは、自然の原因により水辺林が損傷したり消失してしまった場所に、水辺林の自然な生態学的機能をもたらすことであり、将来的に群集組成上、多様で、構造上複雑な水辺域植物群集を造成することである。しかし、良好な水辺林がいったん成立した後も、長期にわたって自己持続的な水辺林の成立と存続が保障されるためには、長期的かつ大規模な水辺林の復元、水域（河川・湖沼・湿地）と深く結びついた水辺域生態系の再生が必要である。

ここで、水辺林の復元とは、水辺域生態系が本来の自然植生にできるだけ近い状態にまで回復することを意味し、復元の達成とは、復元により、資源の生態的損傷が修復され、水辺域生態系本来の構造と機能が両方とも再生されて、流域生態系の本来の動態プロセスが再び効果的に機能するようになった状態が実現することを言う。そのためには、流域を通して水辺林が連続していること、陸域と水域が連続していること、その上で河川の自然攪乱の動態が確保されていることが重要となってくる。

流域全体をつなげる

今日、源流域から河口部まで流域を貫いて存在する水辺林は、日本には北海道や小さな島嶼を除いてほとんど存在しない。河川に沿った水辺林の連続性が失われている現状においては、水辺林の分断・孤立・断片化を防ぎ、その連続性を少しでも回復させることは、水辺林の生態学的機能を取り戻し、生物の移動分散の回廊を確保するために重要である。そのためには、原生流域や原生支流域は厳密な保護、自然度の高い孤立林分における水辺林は保存・保護しながらそれらを連続させ、二次的水辺林は修復、また人工林帯・無立木地では水辺林を再生させることが必要である。

そして、これらを流域全体に広げ、本流と支流で結びつけ、水辺林の連続性を回復させる。樹木の種子が風散布される場合は流域全域への分布域の拡大が可能であり、種子が流水散布される樹種の場合には、上流部から下流部へ順に修復・再生事業を実施した場合、下流への分布域の拡大が期待される。

源流から河口部まで一貫した水辺林の連続性の回復を図るためには、上流域の水辺林だけではなく、中流域から下流域の水辺域における水辺林の復元も視野に入れなくてはならない。しかし、中下流域の水辺域では、水辺植生がまったく存在しないか、あったとしても草原や低木になっている場合も多く、それに伴い、水辺林の復元が現実的に実行不可能な場合や経済的価値や費用便益分析から望ましくない場合も増えてくる。

たとえば、原植生とは異なるものの、公園・緑化事業などによる帰化種や観光上貴重な植栽種の植物群集が成立している場合、あるいは水辺域内で都市開発が行われ、人為的な改変などにより水辺林の復元が困難な場合などがこれにあたる。このような状況の下では、水辺林の全体的な復元が達成されなくても、野生生物にとっての重要な生息場所や、土地利用上、水辺林の再生が可能な箇所、たとえば無立木地化した水辺域が長く連続する箇所などでの部分的な復元が有効な目標となる。

陸域と水域を連続させる

治水対策の進んだ現在、人工構造物による陸域と水域の分断が、中下流域を中心に多くの水辺域において、水辺植生を再生させる際の大きな障害や問題となっている。こうした水辺域では、流路工や護岸工、堤防、湖岸堤などの人工建造物によって、河川・湖沼などの水域と水辺の陸域との相互作用が断ち切られている。このような場合には、人工植栽などによって水辺林の再生を行ったとしても、水辺の樹木がそこで更新できるような自然攪乱は起こらず、最終的に水辺林の成立は望めない。水域と陸域の相互作用を回復するためには、水陸域間での水や物質、水生生物の行き来を阻害している人工構築物や不必要な段差のある護岸を撤去するなどして改良を加える必要がある。

河川の自然攪乱を回復する

戦後多く建設された利水・電源開発用ダムは洪水の頻度を下げ、水供給を安定化させてきた。また、治山・砂防ダムなどの横断河川工作物は、土石流の頻度や被害の程度を下げるのに貢献してきた。しかし、その建設は必要な程度にとどまらず、現在も続いている。これらの河川構造物は水辺域の自然攪乱を減少させ、河川の物理的、生理的、水環境を変化させた。その結果、水辺域の乾燥化や安定化が進んで、水辺林の成立が脅かされている。水辺域生態系の再生の目標は、生態的景観と一体化した水辺林を創出することであり、水辺林がその地域で永続的に更新を繰り返していくことである。そのためには、動植物の再導入をはじめとする生物学的復元だけでは目的を達成することは望めない。水辺林が成立する立地本来の物理的、水文学的、および、気候学的環境条件の再構築が求められる。人工植栽や天然更新によって導入された水辺の植物を自己持続的に維持、更新させるためには、ダムや落差工を含めた河川構造物を撤去することによって、水辺域特有の動態をつくり出す自然攪乱体制を復元することが不可欠である。このことは、将来的には、人手とお金のコストをかけずに長期にわたって自律的に存続できる水辺林の修復・再生・復元事業を成功させるために必要なことである。

第9章　水辺林をまもる

1　水辺林の重要性

生態学的機能

第2章で解説したように、水辺林は多くの生態学的機能を持っている。太陽からの直射光を遮断して水温の上昇を抑えたり、昆虫を魚類の餌として供給したり、水生昆虫の餌や巣材として落葉落枝を河川生態系に供給したりする（図47）。また、河川に倒れ込む倒木は魚類に隠れ家を供給するだけでなく、複雑な河川の地形を形成する。このように、水辺林は河川の中の生物に対して、多くの重要な生態学的機能を備えている。また、生態系サービスとして内水面漁業、養蜂業、水資源、アクティビティの場所や景観など、私たちに多くの資源を提供している。また、水辺林は生物多様性が高く、希少種や絶滅危惧種の生息域にもなっている。

図47　水辺の生態学的機能――渓畔林は林冠木の葉層によって渓流を覆っており、太陽からの直射光を遮断して水温の上昇を抑えたり、昆虫を魚類の餌として供給したりする働きを持つ。

生物多様性

水辺林を構成する樹種の中には、渓畔域に依存的な種群（トチノキ、カツラ、サワグルミ、シオジなど）、河畔域に依存的な種群（ヤナギ類）、湿地に依存的な種群（ハンノキ、ヤチダモ）のみならず、山腹斜面で優占するブナ、カンバ類やホオノキ、ハリギリや隣接する植生帯の構成種（シラビソ、オオシラビソなど）、そしてキハダやメグスリノキなど個体数の極端に少ない種もみられる。また、ギャップに依存するフサザクラやウリハダカエデなどもみられる。これは水辺域が、植物種にとって移動の回廊あるいは避難場所となっていることを強く示唆している。すなわち、水辺域は、冷温帯ではブナ、亜高山帯ではシラビソやオオシラビソなどの優占種により生育環境を奪われた種群の逃げ場となっており、環境変動を生き延びる植物種の移動の回廊の役割を果たしているかもしれない。白亜紀の遺存種で生きた化石と言われるカツラはヨーロッパやアメリカ大陸では氷河期に絶滅し、化石として出土しているが、極東の島国の渓畔林で生きながらえている事実は、渓畔域の特異な環境を象徴的に物語っている。

水辺域の生物多様性は林床植物によく反映されている。渓畔域、山腹、尾根の三か所で林床植生を比較すると、草本植物は渓畔域において最も高い種多様性を示している。その原因としては、渓畔域には渓流の攪乱によって生じた多様な立地が存在し、それぞれに適した植物種が侵入していることが考えられる。渓畔域は大きな礫や砂、落葉が厚く積もった土壌、倒流木など土壌環境が多様で、地下水位の高いところや礫が堆積して乾燥した場所など多様で複雑な立地が形成されている。特に、渓流際の攪乱頻度は高く、毎年、梅雨や台風の大水で生じる砂礫の移動による攪乱で堆積地の出現が繰り返されており、ミヤマタニソバやキツリフネなどの一年生の草本種が定着更新を繰り返す生息地となっていると思われる。

生態的回廊

河川や渓流など水辺に成立する水辺林が動植物にとって重要な生態的回廊としての機能を果たしていることはこれまでも指摘されている。河川や渓流に沿った連続的な水辺林の存在は、同一水系内の各流域を人間の血管のように生態的に結びつけ、それを通じた動植物の移動・分散のルートとして機能し、種個体群の維持・拡大において重要な役割を果たしている。移動や分散能力の低い植物種は、地史的もしくは長・短期的な環境変動の中で、種個体群が縮小や絶滅あるいは拡大を繰り返している。そうした中で、ある種の個体群が特定の小流域で絶滅する場合もあるが、他の流域に残された個体群は生態学的遺産として水辺域を回廊として利用することで、再び流域全体に分布域を拡大することが可能である。

2　水辺林の危機

水辺林の破壊

現在、日本において源流から河口まで集水域を通じて残されている自然度の高い水辺林は、たとえば北海道の知床半島にみられるような河川や島嶼部の一部に残されている程度である。自然度が高いと思われている水辺林でも上流部に少し残されているにすぎない。全国で名だたる水辺の観光地である奥入瀬渓流や上高地といえども、中下流域では堤防が連続し、多くの河川構造物が設置されている。上流域でも多くの河川や渓流は、人工構造物が設置され自然の姿を残していない。人工林内にいたっては、目も当てられない惨状である。コンクリートでつくられた砂防堰堤や治山ダムが階段上に設置されている河川や渓流は数知れない。

広葉樹林を伐採して針葉樹の人工林を造成すると、土砂流失が生じるから、それを抑止するためのダム建設を行う。そのための作業道を渓流沿いに設置する。人工林のみならず、自然の広葉樹林の中まで水辺林が伐採されて作業道がつくられダム建設が行われる。これは過去の話ではなく、現在進行中のことである。

外来樹種の侵入

水辺に侵入する外来樹種に関しては、第7章で日本に導入されたハリエンジュについてその生態から管理手法の検討まで詳しく解説した。また、ハリケーンの攪乱後にミシシッピ川河口の湿地林に侵入したナンキンハゼに関しては、日本では果実から蝋を採取するために西日本で栽培され、公園や庭に植栽されてきた。日本においてはそれほど河川周辺など水辺での分布拡大は知られていないが、奈良の春日山の照葉樹林に侵入し、問題になっている。

ナンキンハゼはハリエンジュと同じように根萌芽によって個体を拡大することが知られており、いったん侵入すると取り扱いの厄介な樹木である。そして種子は鳥類によって遠距離散布されるので、広範囲に広がる可能性がある。散布された種子の一部は、休眠し埋土種子化することも知られている。そのため、いったん水辺域に侵入すると急速に分布を拡大する可能性を持っている。また、今後問題化すると予想されている外来樹種にニガキ科のシンジュ（ニワウルシ）が挙げられる（口絵89）。雌雄異株で成長が非常に早い先駆樹種である。シンジュもナンキンハゼやハリエンジュと同じように根萌芽によって個体を拡大させることが知られている。種子には翼があり軽く、風によって遠方まで散布される。すでに河畔林にも侵入しつつあり、注視すべき外来樹種である。

ニホンジカによる植生破壊

近年、日本中でシカによる森林植生への影響が問題になっている。北海道ではエゾシカ、本州・四国・九州地方ではニホンジカ、屋久島ではヤクジカがそれぞれ分布しているが、それぞれの地域でさまざまな取り組みが行われている。本州において、東北地方や日本海側の積雪地帯には、冬に積雪期間があり越冬ができないのでニホンジカは分布していないと言われてきたが、江戸時代の文献では、東北地方にも分布しており、農民による駆除によってこの地域から絶滅したと考えられる。シカは東北地方においてどのような場所で越冬していたのであろうか。推測であるが、海岸、湖周辺、河川や渓流周辺の水辺環境が越冬地であったかと考えられる。水辺は冬季でも比較的積雪が少ないために、シカの餌となる植物も分布している。

一九九〇年代に入ってシカ個体群の増加は著しい。栃木県日光周辺の山地河畔林では、ニホンジカの影響は最初はチマキザサやスズタケの林床植生に現れたが、ハルニレやキハダなどの樹木も樹皮の剝皮を受けて枯死しはじめた。尾瀬ヶ原でもシカが湿地の植物を足で掘り返して食べるなど破壊的な影響が問題となっている。京都大学の芦生研究林においても、ニホンジカの林床植生への影響は凄まじく、土壌流出も生じている。

私が長年研究を続けている秩父山地においても同様に、ニホンジカの採食による森林へのさまざまな影響がみられる。埼玉県秩父市中津川大山沢渓畔林は、一九八〇年代はじめには、林床に高茎草本が多く草本層で七六種、林床植生の植被率は九〇パーセントと、渓流の水が流れる流路を除いては大部分が豊かな植生に覆われていた（口絵90）。また、渓流の砂礫地には、シオジやサワグルミなどの稚樹群落がびっしりと分布していた。ギャップ下ではそれらの稚樹の成長が進んでいた。そのため、数メートル離れて地面に座ると、隣の人の姿が見えないほどであった。春先にはフタバアオイ、コンロンソウ、ハシリドコロが、夏にはラショウモンカズラ、キツリフネ、ユキザサ、ギンバイソウ、レンゲショウマなどが咲き誇っていた。その頃、秋にたまにニホンジカの鳴き声を聞くことはあっても、目撃することはなかったし、地面に糞もほとんど落ちていなかった。春先に牡鹿の角を拾うこともなかった。

その後、ニホンカモシカの生息数調査が行われた調査地の周辺を含む秩父山地では、二〇〇〇年以降にニホンジカの個体数の増加が報告されはじめた。それとともに二〇〇〇年頃からニホンジカの影響が林床植生に現れはじめ、二〇〇四年には林床植生の植被率はわずか三パーセントにまで減少した。種数も四〇種と半減した。そして、二〇二四年の現在までその回復傾向はみられない。林床に目立っているのはハシリドコロ、サンヨウブシ、バイケイソウなど一部の有毒植物で、その個体数は増加し

図 48　ニホンジカの採食による森林への影響——秩父山地では 2000 年以降にニホンジカの個体数の増加が報告されはじめ、2004 年には林床植生の植被率はわずか 3％にまで減少した。秩父大山沢林床ではニホンジカの食べないハシリドコロが分布を拡大している。

つつある（図48・口絵91）。有毒植物の他に残存している植物は、ヤマエンゴサク、ヒメニラ、レンプクソウやコンロンソウのように初夏には地上部が枯れる草本や、ネコノメソウ類やミヤマハコベなど小型で地表を這っている草本、キツリフネやミヤマタニソバなどの一年草であった。このように植物種の生活史や形態によってもシカの採食の影響は異なる傾向が確認された。

草本が壊滅的な被害を受ける中で、樹木の被害も目立ちはじめた。二〇〇六年以降はオヒョウ、ウラジロモミ、チドリノキ、アサノハカエデは五〇パーセント以上の個体が幹の剥皮の被害を受けて枯死する個体も出はじめた（口絵92）。

はじめは、小さなサイズの樹木に影響が出はじめ、そのうち直径一メートルほどのオヒョウにも剥皮害が及び、最後には幹が環状剥皮の状態になって立ち枯れる個体も現れた。チドリノキやアサノハカエデは、幹の地際から萌芽を次々と発生させて幹の更新を行っていくが、発生してきた萌芽がことごとく食べられて更新できずに枯れる個体も多く出現し、アサノハカエデはほとんど消滅した。また、渓流の砂礫地に分布していたシオジやサワグルミなどの稚樹も途中から折られて枯れ、渓流域から姿を消した。以前は斜面に高密度で分布していたスズタケ（口絵93）も二〇一〇年頃から衰退しはじめて、密度が減少して最後は一斉開花してすべて枯れてしまった（口絵94）。スズタケの枯死は寿命のせいかもしれないが、ニホンジカによる影響も見逃せない。斜面は土壌が剝き出しになり、土壌流失が始まり、小規模な崩壊や斜面上の樹木が根こそぎ倒れるなど大きな影響が生じている。

このような林床植生や斜面の生態系の変化は、そこを生息地としている地上徘徊性昆虫にも影響を及ぼした。大山沢渓畔林における二〇〇八〜二〇一七年の一〇年間の地上棲甲虫類の調査では、一九科二三八一個体（うちオサムシ三六種一九六九個体）が採集された。このオサムシ群集は、日本全国の他の森林モニタリング地点と比較して、種の豊富さが高く、日本固有種の割合が高いという特徴があった。しかしほとんどのオサムシ類は激減傾向を示しており、オサムシ類の年間捕獲量は前述の一〇年間で八〇パーセントも減少した。気候の温暖化やシカの増加による林床植生の減少が、オサムシ類減少の原因と考えられる。

また、鳥類層にも変化が出てきた。埼玉県秩父大山沢では、調査のたびにウグイス、コルリ、コマドリなどの藪に棲む鳥が減少していたが、二〇一六年の繁殖期の調査では、ついにウグイスが記録されなくなった。これら藪に生息する鳥の減少は、林床に密に茂っていたスズタケの消滅と関係していると思われる。シカの採食によって減少していたスズタケが二〇一三〜二〇一四年に一斉開花した後枯死してしまい、その後も実生による更新は行われておらず、巣もつくれなくなった大山沢渓畔林はウグイスの生息適地ではなくなった。

一方で、ニホンジカが分布していない地域には豊かな林床植生が残されている。新潟県佐渡島は「花の島」とも呼ばれ、春にはカタクリ・オオミスミソウ・シラネアオイなどの花が咲き乱れ、オオバクロモジ・ヒメアオキなどの低木層も密に茂っている。

3　水辺林保護の取り組み

渓畔林保護の取り組み

日本において原流域から河口域まで原生状態の水辺林はほとんどみられないが、原流域には断片的ではあるが、まだ手つかずの渓畔林が残されている。しかしこれらの渓畔林も開発の危機にさらされている。特に戦後の皆伐一斉造林や奥山への林道の開設によって多くの貴重な渓畔林が失われてきた。その中で各地で渓畔林を保全しようとする運動が行われてきた。

西中国山地国定公園内に位置している西日本を代表する太田川源流域の細見谷渓畔林（広島県廿日

市市）は、細見谷川上流域に沿って約六キロメートル、幅二〇〇メートルにも及ぶ広い氾濫原を有しているエリアである。樹高三〇～三五メートルに及ぶサワグルミ・トチノキ・ミズナラなどの落葉高木を優占種とし、それにブナ・イヌブナ・イタヤカエデ・ハリギリ・オヒョウが混交し成熟した落葉広葉樹林を形成している（口絵95）。

また、林内や林道沿いには、環境省版レッドデータ二〇二〇掲載種のオモゴウテンナンショウ（絶滅危惧ＩＢ類）、ヤマシャクヤク、ノウルシ、アテツマンサク（いずれも準絶滅危惧ＮＴ）などが生育している。また、環境省版レッドデータブックの絶滅危惧Ⅱ類のクロホオヒゲコウモリ、クマタカをはじめとする鳥類や分布域の西南限のヒダサンショウウオ、西限のハコネサンショウウオやニホンヒキガエル、ツキノワグマなどの哺乳類も分布し、昆虫相などに関する調査結果からも、細見谷の渓畔林が非常に種多様性に富み、今日の西南日本では他に例を見ない存在であり、国レベルで第一級の保全対象とされるべきものであることが明らかにされている。

このような貴重な森林生態系である細見谷渓畔林の中に、一九五三年、十方山《じっぽうさん》林道が開設され、渓流に沿った多くの樹木が失われてしまった。二〇〇四年度からは既存の十方山林道の拡幅舗装化が計画され、細見谷渓畔林の区域の林道に関しては舗装化が計画されていた（口絵96）。

これに対して地元の環境団体は、二〇〇二年に細見谷学術調査を行って渓畔林の植物層やサンショウウオの実態を明らかにし、調査記録『細見谷と十方山林道』を出版、この細見谷渓畔林を保護すべく、研究者とともに立ち上がった。日本生態学会もこれを後押しして、二〇〇三年の総会において

「細見谷渓畔林（西中国山地国定公園）を縦貫する大規模林道事業の中止および同渓畔林の保全措置を求める要望書」を決議し、環境省・林野庁・広島県・緑資源公団に申し入れを行った。

その後、さまざまな経過を辿って、二〇一二年一月、広島県は県議会において、県の林業施策との関連性が低いという理由で十方山林道の建設を中止した。

住民と研究者の努力によって貴重な「細見谷渓畔林」の生態系が保全されたことは、西日本の多くの天然林が人工林化のために皆伐され、広葉樹林も二次林化されていく中で、水辺林の資源を将来に残していく上でも大きな役割を果たしたと考えられる。日本の森林施業において、多くの林道は、河川や渓流に沿って施工されている。そのため、すでに多くの渓畔林や渓流生態系が失われてきた。この貴重な「細見谷渓畔林」が将来にわたって保全されていくことを切に望みたい。

滋賀県の琵琶湖流域では近年、渓畔林の構成種であるトチノキの伐採問題が相次いでいる。トチノキは、昔から利用価値の高い樹木として多くの地域で利用されてきた。果実は飢饉の時のための非常食として保存され、花は養蜂業に利用され、材は家具やくりものに、葉は餅米などを包んで蒸すのに使われてきた。そのため、トチノキの巨木はそれを利用する人たちによって意識的に残されてきた。

琵琶湖に注ぐ安曇川の源流域（滋賀県高島市・旧朽木《くつき》村）には、ブナ林帯から低標高の渓畔域にかけてトチノキやカツラが優占する山地河畔林が成立している。琵琶湖に流入する河川の中でも安曇川の流域面積は第三位と広く、多雪地帯の最南端で積雪量が多く琵琶湖の重要な水源となっている。また、冷温帯と暖温帯の境界に位置するために双方の生物種が共存しており生物多様性も高い。この流域で二〇〇八年頃からトチノキの巨木が買いつけられ、三年間で六〇本以上が伐採された。この周辺ではニホンジカの食害で林床は裸地化し、土砂の流出まで生じている。トチノキ個体群の存続にとって成熟個体が残っている限りは実生や稚樹がシカ害を受けつづけても個体群が絶滅することはないと予想されている。その後、二〇一〇年一〇月から地元住民・専門家によって伐採回避の交渉が始まり、二〇一一年に創設した琵琶湖森林づくり県民税の活用によって安曇川流域の一五〇本以上のトチノキ巨木の伐採を回避した。

同じく長浜市の杉野川源流に分布する、推定樹齢五〇〇年を超えるトチノキを含む巨木群落で、伐採業者による買いつけの動きが二〇一四年四月頃からあり、伐採が行われる予定であった。これに対して、巨木群保全に心を砕き伐採回避の経験を蓄積してきた人たちが結集して、二〇一六年二月に「びわ湖源流の森林文化を守る会」を設立した。

そして二〇一八年六月に、業者に解決金を払うことで決着し、総計一四〇〇万円のトチノキ巨木トラストを行い解決金や裁判費用などをカバーした。

また、これらの運動と連動して、二〇二二年一一月二三日、滋賀県自然環境保全課の呼びかけにより滋賀県長浜市にて「トチノキサミット」が開催された。ここで、トチノキと人とのつながりをつむぎ直すためには、源流地域の暮らしぶりを住民自らが語り、研究者や行政関係者も参集し交流し合える場を定期的に持つことが必要ではないかと提案され、「研究者」「住民」「行政」の三者が結集できる「全国トチノキ学ネットワーク（仮称）」の設立が呼びかけられた。そして、全国トチノキ学ネットワーク第一回長浜大会が二〇二四年五月一八日に開催され、今後もトチノキを含めた渓流域や琵琶湖流域の生態系の保全を議論していくこととなった。

山地河畔林保護の取り組み

渓流が山から流れ出た扇状地形のある山地河畔林では河川幅が広がり流路の変動が生じている。ここでは水が豊富で昔から人間による利用が行われてきた。そのため、このような立地を生息地とする多くの樹木が姿を消してきたが、絶滅危惧種のユビソヤナギやケショウヤナギなどは一部の地域でかろうじて個体群を維持しつづけてきた。

ユビソヤナギの名前は、それが発見された群馬県の湯檜曽川にちなんでいる。ユビソヤナギは上流域の山地河畔林に分布するヤナギで環境省の絶滅危惧Ⅱ類に指定されている。福島県伊南川においては二〇〇三年にユビソヤナギの新たな分布が発見され、その後の調査で日本最大の自生地であることが「只見の自然に学ぶ会」などによって確認された。「只見の自然に学ぶ会」は二〇〇六年から二〇一一年までの六年間、伊南川周辺のユビソヤナギの分布に関して、全木の胸高直径、分布などを調査し、伊南川流域での分布域と二四六一本の総個体データを公表した。

二〇〇〇年に福島県南会津建設事務所（以下、建設事務所）から、水害防止を図るため黒谷川と伊南川の合流地点付近のヤナギ林を伐採するとの情報があり、「只見の自然に学ぶ会」はヤナギ林の保護の観点から伐採の中止を要請した。その直後の二〇〇三年に伊南川でユビソヤナギの新たな分布が発見されて、その個体数が全国最大と明らかになってからは、河川管理において河畔林の取り扱いにもある程度の配慮がなされるようになった。二〇一一年の洪水で大量の流木が下流に流されてきたが、支流で発生したスギ人工林からの供給が多く、ヤナギの河畔林はこれらの流木やゴミを捕捉するという効果を発揮していた。江戸時代には伊南川において河川の流水対策としてヤナギ類が河川周辺に植栽されてきた経緯もある。

二〇一四年六月に只見町全域と檜枝岐《ひのえまた》村の一部が、ユネスコエコパーク(ユネスコの人間と生物圏計画における生態系保護区)に登録された。只見川・伊南川は只見ユネスコエコパーク内を流れ、そこに分布する河畔林は、絶滅危惧種であるユビソヤナギの国内最大の自生地の一部を形成している。ユビソヤナギは、河川の攪乱(洪水)に依存して種子散布によって更新するために、この樹種が多く生育していることは、この流域の河川環境が自然度の高い状態で残されていることを示している。ただ、ユネスコエコパークにおいて河川周辺は人間の活動域にあたるために、最も制限の少ない移行地域に区分されている。只見ユネスコエコパーク関連事業実施計画の中でも、絶滅危惧種であり、希少樹種であるユビソヤナギの保護・保全が課題として取り上げられており、今後、その保全のための実質的な対策、つまりユネスコエコパークの区分変更や国定公園の範囲の拡大が期待される。

ユビソヤナギと同じく山地河畔林に分布するケショウヤナギは、北海道と長野県に隔離分布する。北海道では比較的広範囲に分布しているが、長野県では上高地周辺に限られている。北海道の札内川では、上流にダムが建設されたために河床の冠水頻度が大きく変化し、二〇年に一度の洪水で冠水する河床面積がダム運用前の三分の一にまで減少した。ケショウヤナギは、ほぼ毎年冠水するような砂礫堆が更新サイトである。そのために、洪水の頻度が減少して長期間安定するような立地では、ケショウヤナギが寿命を終えた後に遷移後期樹種が侵入して遷移が進むためにケショウヤナギの更新が阻害されることが危惧されている。

また、長野県上高地は日本有数の観光地として知られ、毎年多くの観光客が訪れている。近年、上高地の梓川では蛇籠を利用した堤防や床固工が設置されて河川の人工化が進んでおり、これまでに大雨の際に流路が変動することでできていた網状流路が失われて河川流路の固定化が進んでいる。結果として遷移が進み、ケショウヤナギの更新に大きな問題が生じることが予想される。現在、「上高地『再生と安全』プロジェクト」によって現状の仮設橋や土砂堤防などを撤去し、網状流路を復元することが試みられている。

森里海の接続

森里海の生態系は河川を通じて結ばれている。河川における物質移動は、上流から下流への水の流れの一方的なものと考えられがちであるが、海から河川の上流へと向かう逆方向の物質移動もある。サケ科の魚類は遡河《そか》回遊魚と呼ばれ、河川を遡って産卵し、その後海で生育し、また河川に帰ってくる。北海道などの自然河川では遡ってきたサケがクマの餌となったり、産卵を終えて「ほっちゃれ」となったサケは、大型の猛禽類のオオワシやオジロワシの重要な餌資源となる。また、キツネやタヌキ、水生生物のモクズガニの餌ともなる。そして最終的には森に運ばれ、森林の養分になる。サケの他にもウナギやアユなどの回遊魚によって海から川に物質が移動している。

一方、森林からは河川を通して多くの物質が海に供給されている。その象徴的なキャッチフレーズは「森は海の恋人」である。宮城県の気仙沼湾でカキの養殖を営んでいる畠山重篤氏は、一九八九年より気仙沼湾に流れ込む大川の上流域で広葉樹の植林を行ってきた。一九八八年からは北海道の沿岸域の漁協の婦人部が「お魚殖やす植樹運動」を展開して、これまでに一二〇万本を超えるトドマツ、エゾマツ、カラマツ、ナナカマド、シラカンバ、ミズナラ、サクラなどの苗木を植栽してきた。

しかし、このような森里海の生態系のネットワークは、これまでに際限なく建設されてきたダムなどの河川構造物によって断絶されている。ダムに魚道などの設置が行われることもしばしばあるが、しょせん付け焼き刃にすぎない。特に、上流域の渓流に設置された魚道は度重なる土砂の流出によって機能不全に陥っている。

二〇〇〇年に当選した長野県の田中康夫知事は「脱ダム宣言」を発表して、一部のダム建設を中止した。この効果は大きく、二〇一〇年からは全国で計画されている多目的ダム建設の是非が再検討されることになり、いくつかのダムで建設が中止となった。これとて、これまでに建設されているダムが撤去されたわけではない。コンクリート構造物であるダムは、いずれかは耐用年数が訪れ、再検討されることになるであろう。

日本における人口減少はエネルギーや水需要の大きな減少につながる。水需要が激減したその時がダム撤去の時期になるかもしれないが、おそらく建設費以上の撤去費がかかるだろう。

水辺の環境教育

子どもは水遊びが大好きである。私も子どもの頃は、川で魚を捕まえたり池でザリガニを釣ったりして遊んだ。その頃は田んぼにもカエル、ドジョウ、イシガメやゲンゴロウやタイコウチのような水生昆虫などたくさんの生き物がいた。カブトムシやクワガタムシを捕まえて飼育したりもしていた。その頃と比べると、田んぼから生き物は消え、今の水辺環境は大きく劣化している。これは、農業生産の効率化を図るために大量に投入された殺虫剤の影響が大きい。この殺虫剤の使用は、田んぼの生き物だけでなく、私たちの体にも影響を与えていることは間違いない。虫も食べない農作物を私たちは食べつづけている。河川や農業水路もコンクリート構造物に置き換えられて、生き物が棲める環境は著しく制限されている。

このような中で、未来を担う子どもたちが公園などの人工的な水辺ではなく、自然環境が残された水辺でさまざまな自然を体験することは重要である。最近は博物館でも映像などを利用した疑似体験が多いが、本物の自然を体験することで感性が養われていくのではないだろうか。目で生き物を見るだけではなく、さわってみた感触、自然の水の音、草の匂い、かじった時の味など五感で体験した自然はいつまでも記憶に残りつづける。いったん自然の中で遊ぶ楽しさを経験すると、病みつきになることは間違いない。そのきっかけが必要である。

昔は野山や川で遊ぶ時も子どもだけの集団で遊んでいた。そしてそれほど危険な目に遭ったこともなかった。ガキ大将がいて、異年齢の集団で遊ぶため危ないことがあれば年上の子どもが注意することができる。しかし、少子化が進んだ現在では子どもたちが集団で野山で遊ぶ姿はみられない。そして、たまに一人で遊んでいて事故に遭う。このような時代では、自然の魅力や危険を知り尽くした自然ガイドのような大人のリーダーが必要とされる。

4 水辺林はなぜ必要か

水辺林をまもる理由

水は私たち人間にとっても、その他の生き物にとっても最も重要な資源である。水は雨となって地上に降り注ぎ、上流の渓流から下流の河川を通して、最後は海まで流れ下る。そして、蒸発して水蒸気、雲となり、雨となって地上に降り注ぐ。このように水は地球を循環している。河川は、人間の血液循環に例えられる。肺で酸素を供給され心臓から送り出された血液は、動脈を通じて毛細血管に流れ、さらに毛細血管から静脈を通って心臓に戻る。水循環の中で水辺林は肺のような機能を持っていると言えるかもしれない。陸から河川に流れ込む水は、水辺林の表層の草本層や落葉層によって土砂を捕捉される。また、窒素やリンなどの栄養塩類も吸収される。水中の魚類や昆虫などの動物にはエネルギーや隠れ家を提供する。水辺の河川攪乱によって形成される複雑な地形や環境にはさまざまな生物が生息し、高い生物多様性を発揮する。私たち人間は、昔からこのような水辺環境を利用し、その恩恵を受けてきたが、現在ではこれらの水辺環境の大部分を壊してしまった。わずかに残された水辺環境が今日、観光や保全・保護の対象とされている。

私たちは現在の水辺環境から過去の様子を想像することすらできない。これらの姿を復元させる上で上流域を中心としてかろうじて残されている自然状態の水辺林は、そのモデルとなるばかりでなく、復元再生の遺伝子資源を提供してくれる。現在、自然生態系の自然再生や復元などさまざまな事業が行われているが、本当に復元できるかというと、そうは思わない。いったん失われた自然を真の意味で復元することは不可能である。その意味でも、今残されている自然度の高い水辺林をそのまま手を加えずに保護して未来に残すことは、最優先されるべきことであろう。

水辺林と防災

過去の河川管理は、治水と利水を目的として行われてきた。そのため、上流域には巨大な多目的ダムが建設され、流量を調節してきた。河川には治山ダムや砂防ダムが建設され、土砂の流出を制御してきた。河川沿いには上流から河口まで長大な堤防が建設され、洪水を早く海まで流し出すために、流路は直線化され巨大な放水路と化している。このような河川においては、自然の水辺林が存在できるはずはなく、ダム上流域にわずかに残されているにすぎない。

このような河川管理の結果で生じた問題の一つが、流路の固定による深掘りと堤外における森林化である。上流にダムがなかった頃の戦後の空中写真を見れば、高頻度で発生する洪水のために堤外では流路変動が生じてヤナギ類の低木がそのたびに更新して最近のような安定した森林はみられなかった。戦前と比べると現在の堤外の森林面積は大きく増加している。そして、このような環境で外来樹種のハリエンジュが分布を拡大し、河川管理上、大きな問題となっている。また、河川のあちこちで堆砂が促進され、海岸線の後退を招いている。

これまで河川管理上、堤外の水辺の樹木は洪水の際に流失して橋などの構造物を壊したり、橋に詰まってそこから越流するという理由で伐採されてきた。しかし、一九九七年には河川法が改正されて河川管理の目的に「河川環境の整備と保全」が加えられ、樹林帯制度（水害防備機能、水辺の生き物に対する生息空間の提供、憩いの場の提供、土砂や汚濁水の流入抑制を目的として水辺林を整備する）ができた。しかし、この樹林帯は堤内に樹林を造成するものであって、河川の動態とは切り離されており、水辺林と言えるものではない。下流域では河川は巨大な放水路と化し、水辺林を再生できる余地はない。下流域ではどんな大雨にも耐えるとされる緩やかな台地状の幅広堤防である「スーパー堤防」が建設されているが、部分的に限られており、そのつけが他の堤防に及ぶことも考えられる。下流域だけの対策ではとうてい、河川を管理することはできない。流域を一貫して管理することが、治水、利水そして河川環境の保全につながる。河川管理者は、上流では林野庁、下流では国土交通省などというように所管が異なっている。連絡会議のようなものは行われているようだが、山から海岸までの一貫した河川管理が今後必要であろう。

昔は、河川は洪水の際に流路が変動するなど、広い氾濫原を形成して自由に流れていた。今のようなコンクリートで固めた堤防などはなく、石や土を材料とした堤防がつくられ、河川周辺には越流する水の勢いを緩めるような防災林がつくられていた。その後、河川を狭い堤外に閉じ込め、河川の動態を固定してきた。「河川環境の整備と保全」と一言で言っても実施することは並大抵ではない。これまで、「河川環境の整備と保全」の一環として、親水公園や砂防公園がつくられてきたが、逆に水辺林の再生を妨げ、自然環境に悪影響を及ぼしているケースも多い。

現在、日本は人口減少の時代に入り、放置される森林や農地が増加している。特に、上流域から中流域にかけては耕作放棄地が目立って増えている。河川周辺のこれらの未利用地を活かすために、河川に沿って遊水池などをつくり、河川と一体化して水辺林の再生を行えばどうであろうか。河川幅が拡大されれば、流路変動など河川の自然の動態が確保でき、水辺林がそこで更新できる環境が整えられる。また、一時的に水を蓄えることができ洪水対策としての機能も保持することができる。このような場所は、トキやコウノトリなど野生鳥類のサンクチュアリ（保護区）としての役割も果たすであろう。

行政に期待すること

水辺の管理に関しては、水辺林の樹木の生態、機能や再生に関する研究のさらなる進展が求められるとともに、それらを生かした事業の実施が必要である。これまで河川環境に配慮した河川事業として、多くの河川管理が行われてきたが、名前倒れに終わっていることが多い。逆に環境に悪い工事を行っているケースもみられる。

いくら研究成果が出てきても、それを活かして現場でデザイン、施工する技術者がいなければ意味がない。近年、どの官公庁でもそうであるが、技術者が事務作業に追われて現場に出られないのが実態である。それでは、すべてが絵に描いた餅になってしまう。山に行っても樹木の名前がわからない林業技術者も増えている。これは大学教育にも問題があるのかもしれない。コロナ禍でオンライン教育のシステムが充実したことはよいが、現地に出て自分の目で見て体験するという教育は今まで以上に重要と思われる。すでに働いている技術者にも再教育が必要である。

官公庁の人事システムでは、二、三年で他の部署に移動するというジェネラリストの養成が行われてきた。そのため、仕事が少しわかりかけたところで、まったく別の部署に異動することが当たり前のように行われている。毎年、組織の中の三分の一程度が新規採用職員の状態になるのである。これは、時間と経費の大きな損失でもある。もう少し、長いスパンでスペシャリストを養成する必要がある。私も若い頃、県庁職員として人事異動を経験したが、十分に仕事を理解できないうちに次の職場に異動したことを覚えている。特に、森林や河川など自然と直接向き合う部署では、それまでに蓄積してきた知識や経験を、引き継ぎ書だけで引き継ぐことなどほとんど不可能である。

それから、よく言われることは縦割り行政の弊害である。これは、行政の中の大きく異なる分野では必要かもしれないが、森林、農地、河川など生態系がつながり、密な相互作用を持っている部署では、かなりフレキシブルな政策と一体化した実施が効果的である。そうすることで、流域を通した土地利用や森から海岸までの河川管理を実施することができる。また、一つの流域には、多くの県や市町村が含まれることが多い。河川や自然生態系などには県境や市町村の区切りなどはなく、有機的につながっているのだから、流域レベルでの連携をもっと密にしていく必要があるだろう。

おわりに

私が秩父の大山沢のシオジ林に出合ったのが一九八三年であったので、すでに四〇年以上、水辺の樹木に向き合ってきたことになる。当時は研究職ではなかったが、天に届くような巨木に魅入られ、すぐに調査プロットを設定した。このプロットは六〇メートル×九〇メートルで当時としては大きかった。勤務地が変わってからもこの森に通いつづけ、実生の分布や立地環境の調査などを行った。この調査にはいつも妻のさやかが同行して手伝ってくれた。時にはテント泊で真夜中にあたりを彷徨う獣の気配に怯えたこともあった。巨木として興味があったシオジが、水辺林、つまり渓畔林の構成樹種であることを認識しはじめたのは、五年以上経ってからであった。一九八七年には研究職として樹木の開花結実などの研究を始めたが、その時の研究テーマは林野庁のプロジェクトで与えられたものであり、偶然にもシオジが対象樹種に含まれていた。ここから本格的にシオジと向き合うことになった。早速、最初にシオジに出合った大山沢を調査の対象地にした。

一九九〇年、横浜で開催された国際生態学会でシオジの稚樹の分布をポスター発表していた時に、当時早稲田大学の教授であった大島康行先生から、水辺林の研究会を主宰したらどうかと勧められ、渓畔林研究会を立ち上げた。当時はパソコンなどなかったので、水辺林に関係しそうな研究者に片っ端から研究会の案内を郵送した。そして、これまで一人でやっていた研究の視野が大きく広がることとなった。この研究会でのつながりから、多くの研究者や学生との共同研究が始まった。研究会の方々と、毎年日本中の水辺林を巡ることができたことは、その後の研究に大変有意義な体験となった。

学会にも参加するようになり、多くの研究者とも触れ合うことになった。この中には、コラムで紹介した研究者や学生も含まれている。多くの研究者と触れ合う中で、研究者たるものは学位を持つべきである、学位は免許証のようなもので、学位があるからといって優秀な研究者というわけではないが、かと言ってないと無免許運転のようなものであると言われた。研究機関に入った頃から学位を取ることを意識していたが、静岡大学の指導教員であった増澤武弘先生に相談したところ、学位取得を東京都立大学の木村允《まこと》先生にお願いしてくださった。それから毎年何回かゼミで発表させていただき、一九九六年にようやく念願の学位を取得することができた。学位の取得によって給料が上がるわけではないが、否が応でも私に対する周りの目が変わったことを感じた。大学から非常勤講師を頼まれたり、委員会の委員などを依頼されることも増えた。また、研究者としての自覚が生まれたのもこの時期で、この頃から研究論文を積極的に発表するようになった。

そして二〇〇八年に新たな職場として新潟大学の演習林がある佐渡島を選んだ。この演習林は伏条更新をする天然スギのあることで知られているが、詳しい研究はあまり行われていなかった。スギも水辺林を構成する樹木の一種であり、積雪地帯のスギがどのような更新を行うか、興味津々であった。県の研究機関に所属していた時は、調査対象が県内に限られていたが、大学に行ってからは、県内外だけでなく海外でも自由に研究を行うことができるようになった。コラムにも書いたが、二〇〇五年にハリケーンがミシシッピ川河口のヌマスギ林にどのような影響を与えたか、二〇一一年に只見町の伊南川で発生した洪水がヤナギ林にどのような影響を与えたか、また屋久島を訪れサツキを求めて山川をかけ巡った。

大学で指導教員として行った学生との共同研究は私の視野を大きく広げてくれた。学生の研究テーマの決定はほぼ学生自身に任せたので、専門以外の論文も読むことができたり、新たな研究者とのつながりもできたりした。学生指導では、とにかく自分のフィールド以外の森林を訪れることを勧め、機会があれば海外にも連れて行った。韓国、中国、台湾、マレーシアなどアジア諸国以外にも、アメリカ、イタリア、ジョージア、スイスやチェコなどを訪れた。

これらの一連の研究の発展には、多くの研究者や学生との出会いが大きな役割を果たしたことは間違いない。名前は挙げないが、皆さんに心から感謝したい。また、本書の荒削りな原稿を読んで出版する決断をしていただいた築地書館の土井二郎社長、原稿を細かくチェックし口絵で多くのカラー写真を入れるなど本書のスタイルや内容を事細かにチェックし、改善点などを提案していただいた編集製作部の髙橋芽衣さんに心よりお礼申し上げる。

最後に、本書を手に取って読んでいただいた多くの読者の方々に感謝したい。本書によって、多くの方が水辺林の樹木の面白さに興味を持ち、その保全について考えてくださることを願っている。

参考図書

＊1 崎尾 均・山本福壽（編）（2002）『水辺林の生態学』東京大学出版会

＊2 崎尾 均（2017）『水辺の樹木誌』東京大学出版会

＊3 崎尾 均（編）（2009）『ニセアカシアの生態学：外来樹の歴史・利用・生態とその管理』文一総合出版

＊4 渓畔林研究会（編）（1997）『水辺林の保全と再生に向けて：米国国有林の管理指針と日本の取り組み』日本林業調査会

＊5 渓畔林研究会（編）（2001）『水辺林管理の手引き：基礎と指針と提言』日本林業調査会

＊6 Sakio, H. & Tamura, T. (eds.)(2008) *Ecology of Riparian Forests in Japan: Disturbance, Life History, and Regeneration.* Springer-Verlag.

＊7 Sakio, H. (ed.)(2020) *Long-Term Ecosystem Changes in Riparian Forests*. Springer. https://doi.org/10.1007/978-981-15-3009-8

＊8 宮脇 昭（編）『日本植生誌』至文堂

【ヤ・ラ行】

【ハ行】

【マ行】

【サ行】

【タ行】

【ナ行】

植物名索引

【サ行】

事項索引

著者紹介

崎尾 均（さきお　ひとし）

1955年大阪府生まれ。1982年静岡大学大学院理学研究科修士課程修了。博士（理学）。現在は、新潟大学佐渡自然共生科学センターフェロー、新潟大学名誉教授、Botanical Academy代表。

専門は森林生態学、樹木学で、特に水辺の樹木の生活史や保全・再生について研究している。研究フィールドは富士山、秩父、佐渡島、只見、屋久島など。

森林や植物に関するセミナーや講義、自然ガイドやサイエンスカフェなども行っている。

著書に『水辺林の生態学（共編著）』『水辺の樹木誌』東京大学出版会、『樹に咲く花（分担執筆）』山と溪谷社、『ニセアカシアの生態学（編著）』文一総合出版、『水辺林の保全と再生に向けて（共編著）』『水辺林管理の手引き（共編著）』『日本樹木誌１、２（共編著）』日本林業調査会、『Ecology of Riparian Forests in Japan（共編著）』『Long-Term Ecosystem Changes in Riparian Forests（編著）』Springerなどがある。

環境水保賞、尾瀬賞、日本生態学会大島賞、日本森林学会賞受賞。

NHK ダーウィンが来た！『屋久島 伝説の超巨大杉』、NHKラジオ『石丸謙二郎の山カフェ』などにも出演。

ホームページ：https://riparian-forest.jimdofree.com

ここがすごい！ 水辺の樹木

生態・防災・保全と再生

2024年12月13日　初版発行

著者　　崎尾 均
発行者　　土井二郎
発行所　　築地書館株式会社
〒104-0045 東京都中央区築地7-4-4-201
TEL. 03-3542-3731 FAX. 03-3541-5799
https://www.tsukiji-shokan.co.jp/
印刷・製本　シナノ印刷株式会社
装丁　　吉野 愛

ISBN 978-4-8067-1676-1

● 築地書館の本 ●

木々は歌う

植物・微生物・人の関係性で解く森の生態学

D.G. ハスケル［著］　屋代通子［訳］
2,700 円＋税

人間と人間以外の生命の境界は、絶対的なものではない。１本の樹から微生物、鳥、ケモノ、森、人の暮らしへ、歴史・政治・経済・環境・生態学・進化すべては相互に関連している。失われつつある自然界の複雑で創造的な生命のネットワークを、時空を超え、科学的な観察と詩的な文章で描き出した傑作。

コケの自然誌

ロビン・ウォール・キマラー［著］　三木直子［訳］
2,400 円＋税

極小の世界で生きるコケの驚くべき生態を詳細に描く！　シッポゴケの個性的な繁殖方法、ジャゴケとゼンマイゴケの縄張り争い、湿原に広がるミズゴケのじゅうたん——。眼を凝らさなければ見えてこない、コケと森と人間の物語。コケと自然から学ぶべき「人生哲学」がちりばめられた１冊。